H. Wagner's

Entdeckungsreisen in Feld und Flur.

Das

Illustrirte Goldene Kinderbuch.

Mit

vielen Tonbildern, zahlreichen in den Text gedruckten Abbildungen, kolorirten Bildern, Karten 2c.

Zweite Gruppe.

IV.

H. Wagner's

Entdeckungsreisen in Feld und Flur.

Dritte durchgesehene Auflage.

Mit mehreren Hundert in den Text gedruckten Illustrationen und vielen Tonbildern.

Springer-Verlag Berlin Heidelberg GmbH

1873.

ISBN 978-3-662-23752-6 ISBN 978-3-662-25851-4 (eBook)
DOI 10.1007/978-3-662-25851-4
Softcover reprint of the hardcover 1st edition 1873

Entdeckungsreisen im Feld. Titelbild.

Leipzig: Verlag von Otto Spamer.

Entdeckungsreisen
in
Feld und Flur.

Mit
seinen lieben jungen
Freunden und Freundinnen unternommen
von

Hermann Wagner.

Dritte durchgesehene Auflage.
Mit 110 Text-Abbildungen, zwei Bunt-druck- und drei Tonbildern.

Leipzig.
Verlag von Otto Spamer.
1873.

An meine

Reisegefährten und sonstigen Freunde.

In Wohnstube, Haus und Hof haben wir uns bereits genau umgesehen. Viele Kinder haben ihr Vergnügen dabei gehabt, so daß wir in verhältnißmäßiger kurzer Zeit bereits einen zweiten und dritten Abdruck veranstalten mußten. Ist ein Wald in deiner Nähe, oder machst du am Sonntag oder zur Ferienzeit einen Ausflug mit deinem Vater dorthin, so giebt dir ein Bändchen unserer „Entdeckungsreisen" eine Reihe geordneter Bilder und Schilderungen, welche dir das eigenthümliche Leben in der grünen Halle des Forstes vorführen und erklären. Aber selbst wenn du entfernt vom schattigen Walde wohnst, weit weg vom Dome aus Eichen, Buchen und Tannen, vom großen Werkmeister selbst erbaut, — selbst dann kannst du deine Entdeckungsreisen über Haus, Hof und Garten noch weiter ausdehnen, denn rings um Stadt und Dorf breiten sich Felder und Wiesen aus und die blühende Flur heißt dich mit Blumenduft, bunten Schmetterlingen und singenden Lerchen willkommen!

So wandern wir denn gemeinschaftlich durch Feld und Flur, verweilen zunächst bei dem Wichtigsten daselbst, bei den Gewächsen, die der Landmann vorzugsweise pflegt: beim Getreide, der Oelfrucht und den Kartoffeln. Was an Blumen dazwischen steht und den Feldrain schmückt, sehen wir näher an, desgleichen das wogende Grasmeer der Wiese. Zugleich achten wir auf das kleine und große Gethier, das auf Feld und Flur lebt, von den Feldfrüchten nascht und uns durch sein munteres Treiben erfreut. Die Insekten des Feldes, die zirpende Grille und den flatternden Schmetterling, die summende Hummel und die goldschillernde Fliege belauschen wir in ihrem munteren Treiben, schauen dem Mäuschen in seinem Haushalt zu und lassen uns die Geschichte der Lerche und der anderen Feldmusikanten erzählen. Wie der Hase sich Sommer und Winter draußen durchschlägt und trotz tausend Gefahren doch tapfer das Feld behält; wie das Wiesel bei nächtlicher Weile auf Raub auszieht, am Tage Falken und Sperber die Aufsicht führen, — alles das sehen wir! An der Wiese vorbei, auf welcher die breitstirnigen Kühe wiederkäuend ausruhen, gelangen wir dann zum Moorbruch mit dem Torfmoos, dann zum Teiche mit herrlichen Wasserlilien, flinken Karpfen und Hechten, mit Muscheln auf dem Grunde, fleckigen Salamandern zwischen den schwimmenden Kräutern und dem zutraulichen Wasserhuhn, das seine Kleinen schwimmen und tauchen lehrt. Der Feldstein wird zur Ruhebank und zum Lehrtisch für uns, ja er erzählt uns seine Geschichte schon selbst, wenn wir die Sprache seiner Formen zu deuten wissen.

So erscheint uns Feld und Flur nicht mehr staubig und langweilig, sondern als ein großer Garten, allenthalben voll Leben und Lust, und auch der ernste Wald drüben vom fernen Gebirge gehört mit zum großen Haushalt des Vaters, der für das kleinste Geschöpf sorgt wie für das Menschenkind.

Vieles von dem, was wir bei unseren Ausgängen diesmal nicht näher betrachten konnten, versparen wir uns für eine künftige Reise durchs Heimatsland. Wir werden uns dann noch gar Mancherlei eingehender vorführen, je nachdem der Wechsel des Jahres uns die Gelegenheit dazu bietet: vom strahlenden Regenbogen, Schneeglöckchen und Veilchen des Frühlings an bis zu dem Donnergewölk des Hochsommers, den saftigen Beeren und dem fallenden Laub des Herbstes, ja bis zu der zackigen Schneeflocke, die der rauhe Winter als Siegel aufs Ende des Jahres drückt.

Möge Gott alle jungen und alten Freunde noch oft durch den Wechsel der Zeiten ohne Noth und Wehe geleiten!

Hermann Wagner.

Inhaltsverzeichniß.

Die hierzu gehörenden Bunt- und Tondruckbilder sind in nachstehender Weise einzuheften:

1.

Am Getreidefeld.

Die Aehren rauschen ein heilig Lied,
Hier leg' ich mich nieder wegemüd'.
'Hier schallt es, als weht' eine Gottespalm'!
Es tönt wie ferner Engelspsalm,
Es flüstert und klingelt von Halm zu Halm.

Lieder eines Malers.

Wie wallet und wogt die herrliche Saat! Ein Meer aus Halmen, schwankt sie und wankt sie, wenn der Engel des Windes mit seinem Fittig darüber streift. — Hörst du, wie's lispelt und plispert: ein geheimnißvolles Säuseln und Rauschen über das weite Gefild!

Bist du ein Sonntagskind, dann vermagst du die Sprache aller Dinge in der Natur zu verstehen; so sagt das Märchen. Du kennst das Lied des Vogels, deutest das Murmeln der Quellen und lösest die Räthsel, welche das wogende Getreidefeld dir aufgiebt!

Aus alten Zeiten, längst entschwundenen Tagen, bringen die lispelnden Aehren dir Kunde! Hier, wo Halm an Halm zu Tausenden steht, war ehedem düsterer Wald oder sumpfige Wiese, ein Sammelplatz wilden Gethiers. Hier kämpfte der rauhe Jäger mit Speer und Pfeil gegen den

Bär und den Urochs, er selbst rauh und wild wie seine Beute, unstet und und flüchtig wie sie. Da nahte der Zug germanischer Völker aus fernem Osten und brachte die segenspendenden Körner. Der Wald sank unter der Axt, der Pflug wandte die Scholle, und die zerrissene Erdrinde nahm das Getreide auf. Aus dem Jäger und wandernden Hirten ward ein Landmann, das leichte Zelt ward zum Haus. Feste Wohnsitze und Dörfer entstanden. Mit dem friedlichen Landbau zogen mildere Sitten ins Land!

Odin, der stürmende Schlachtengott der alten Germanen, der die wilde Jagd und das wüthende Heer anführt, er ward zum Beschützer der Feldflur. Wenn das Halmenmeer Wellen im Winde schlug, sagten die Alten: „Odin's Eber, sein Wolf, gehen durchs Korn! Kind, bleibe weg vom Getreide, zertritt nicht den Halm, der dir Brot bringt; Eber und Wolf möchten dir schaden!" Odin fuhr über das Aehrenfeld als Gott des säuselnden Windes. Seine Lieblingsthiere begleiteten ihn. Er schüttelte jeden blühenden Halm, daß der Blütenstaub befruchtend sich ausstreute. Er segnete das brotspendende Feld und drohte mit Wolfsrachen und Eberzahn dem Frevler, der es verletzte! Seine Gemahlin, die liebliche Hulda, theilte sein Werk. Begleitet von der Schar kleiner Wichteln und Elfen, von allen kleinen Kindern, die noch geboren werden sollen oder frühzeitig verstarben, — so wandelte sie im Morgenlicht durch die thaufeuchte Flur und segnete die Halme, daß sie Frucht ansetzten und Körner reiften. Der Landmann sah die schmalen Pfade, welche der Hase durchs Saatfeld tritt, und nannte sie Elfenpfade.

Als die heiligen Eichen unter der Axt christlicher Apostel sanken, verschwand auch der Glaube an Odin als Beschützer des Getreidefeldes. Gott der Herr ist's, zu dem der fromme Landmann emporschaut, wenn er den Samen der Erde übergiebt; ihn bittet er um Segen, daß die Saat treibe und Frucht bringe vielfältig. Jahr aus, Jahr ein vollendet der Allmächtige hier das Wunder: aus wenig Körnern Speise für vieles Volk zu schaffen! Ein kleines Säcklein voll streut der Säemann aufs Land, wagenweise fährt er im Herbst die Garben nach Haus und füllet die Speicher.

Jedes kleine Getreidekorn ist mit Leben begabt, ist ein fleißiger Arbeiter, vom Vater aller Menschen mit wunderbaren Kräften ausgestattet, zu gedeihen fürs Wohl seiner Menschenkinder. Viel Wunderbares und Künstliches bereitet des Menschen Hand. Vieles ersann sein erfinderischer Geist, allein ein einziges solches lebendiges Körnchen kann er nicht machen!

Siehe, ich lege dir viererlei Samen vor: Weizen, Roggen, Gerste und Hafer; sie unterscheiden sich deutlich von einander. Das Weizenkörnchen ist dicker u. kugelig; es hat eine gelbliche Farbe. Der Roggen ist länger und dünner, dabei mehr grau gefärbt. Das Gerstenkorn ist noch länger, mit der gelben Spelzenhülle fest verwachsen, das eine Ende zeigt deutlich die Stelle, an welcher die lange Granne abgebrochen ist. Das Haferkorn endlich schimmert goldgeld glänzend wie ein kleines Kanarienvögelchen. Die Spelzen umschließen es ebenfalls und tragen manchmal noch die gekniete Granne. Drückst du es scharf mit dem Finger, so kannst du das eigentliche Samenkorn herausschälen. Es hat viel Aehnlichkeit mit dem Roggenkorn, ist aber schlanker und gelber, dabei gewöhnlilch von einigen anliegenden Seidenhaaren glänzend.

Jedes Körnchen ist von einer trocknen Schale umschlossen, die es schützt; innen enthält es Mehl, und in der Nähe des einen Endes liegt an der Rinne, die du äußerlich schon bemerkst, das winzige Keimpflänzchen. Es ist das schlafende Kind der Getreidepflanze, eingebettet in lauter Speise und vorsorglich eingewickelt.

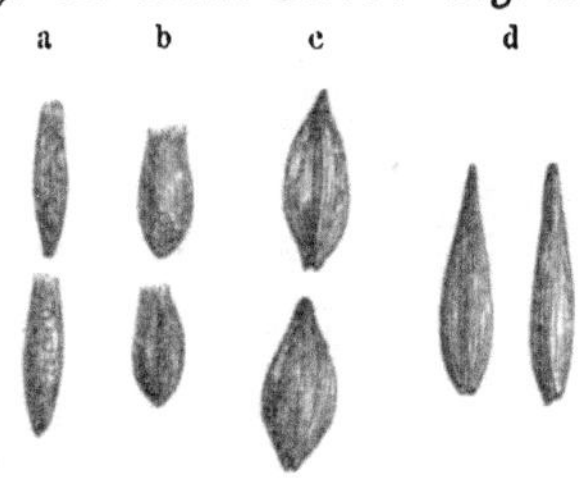

Getreidekörner: a Roggen, b Weizen c Gerste, d Hafer.

Hat der Landmann die Erde gepflügt, gedüngt, sie mit der Egge zerkleinert und wol nochmals gepflügt, so streut er die Körnlein hinein. Viele säet er im Frühling, aus denen erwächst dann das Sommergetreide, manche auch schon im Herbst. Diese überdauern den Winter als kleine Pflänzchen, werden dadurch zweijährig und geben das Wintergetreide.

Wenn die dunklen Wolken den Himmel überziehen und Millionen Tropfen herabschütten, so daß es dem Kinde bange wird, dann begießt der liebe Gott alle Körnchen im Getreidefeld und weckt sie aus ihrem Schlafe auf. Die große Wolke ist seine Gießkanne.

Das Keimpflänzchen in jedem Getreidekorn streckt seine Würzelchen aus, sprengt die Schale und lugt hervor. Es wächst zuerst nach unten, um sich fester zu heften. Liegt das Korn verkehrt, so daß das Würzelchen oben ist, so dreht sich's beim Wachsen ganz allmählig herum und findet im Finstern richtig seinen Weg. Wer ist's, der's ihm sagt?

Das Stengelendchen bleibt auch nicht lange müßig. Es saugt den Mehlvorrath aus dem Korn auf und macht ihn sich mundrecht. Davon treibt es nach oben, erst ein ganz kurzes Glied, dann ein längeres. An der Stelle, wo ein neues Stengelglied anfängt, bildet der kleine Halm einen Knoten. Die untersten Knoten, die noch in der Erde sind, treiben ringsum Würzelchen; am stärksten thut's der Knoten, welcher dicht an der Oberfläche der Erde ist. Er sendet einen ganzen Kranz Wurzeln aus, die Kronenwurzeln, jede wieder mit feinen Würzelchen besetzt, die wie zarte Härchen aussehen. Sie alle saugen Feuchtigkeit aus der Erde: Regenwasser und solche Erdtheilchen, die in demselben aufgelöst sind. Sie nehmen nur solche in sich auf, die für sie gut sind; andere lassen sie draußen.

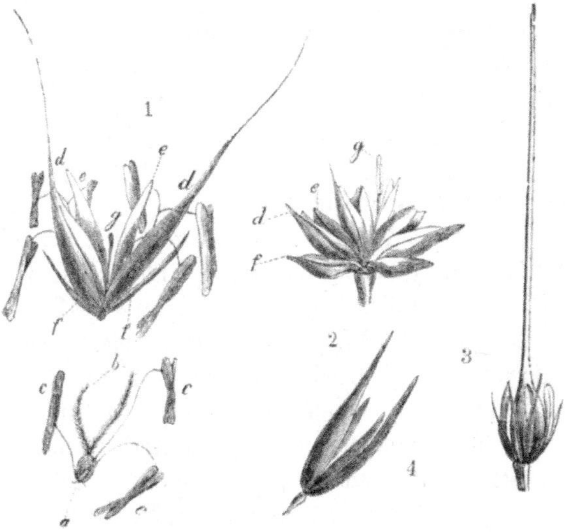

Getreideblüten zergliedert. 1 Roggen, 2 Weizen, 3 Gerste, 4 Hafer. a Fruchtknoten, b Narben, c die 3 Staubgefäße, d äußere Blütenspelzen, e innere Blütenspelzen, f Kelchspelzen, g Ansatz eines unausgebildeten Blütchens.

Wie die kleinen Kinder der Menschen zuerst nur Milch genießen und nichts von Braten und Gemüs wissen mögen, so verspeisen die jungen Pflänzchen des Getreides, so lange sie noch in der Erde sind, anfänglich auch andere Speise als später. Sie mögen zunächst das Licht nicht vertragen und gedeihen nur im Dunklen. Sind sie etwas erwachsen, so wird ihnen die liebe Sonne aber zum Mütterchen. Sie küßt sie am Morgen, sowie die ersten Blattspitzen zwischen den dunklen Erdschollen hervorschauen, so daß sie grün davon werden. „Grün werden" ist für die Getreidepflänzchen gerade so hübsch, wie rothe Backen für die Kinder der Menschen.

Drunten die Erde ist's Elternhaus des Getreides. Haben die Pflänzchen dort das Ihre ordentlich besorgt, kräftige Wurzeln getrieben und Sprossen angelegt, so schauen sie auch bald keck in die Welt hinaus. Sobald die warme Maiensonne sie lockt, strecken sie ihre Halme frisch empor, jedes neue Glied wird länger als das frühere. Aus dem Boden saugen sie Kieselerde auf und verwenden diese mit zum Bau des Halmes, so daß er Festigkeit erhält. — An jedem Knoten des Stengels entspringt ein Blatt. Dies umfaßt mit seinem untern Theile gleich einer Scheide den Halm, der obere Theil breitet frei sich aus, glänzend wie ein grünseidenes Band. Jedes Blatt ist ein Kind des Halmes; sie alle zusammen sind eine traute Familie. Der Halm ernährt sie, aber sie selbst bleiben nicht müßig. Sie trinken das Licht und die Luft, dazu die Thautropfen, die wie Perlen am Morgen an ihnen hängen. Was sie erworben, führen sie dem Halme zu und er baut daraus droben Blüten und Früchte. — Unsere Getreidearten sind Gräser, aber die nützlichsten von allen. Jedes Blütchen hat zu innerst einen winzigen Fruchtknoten, der später zum Samenkorn wird. Er ist so klein wie der Kopf einer kleinen Stecknadel. Oben auf dem Fruchtknoten sind zwei feine Narben, — durchs Vergrößerungsglas betrachtet sehen sie aus wie zwei Reiherfedern auf dem Helm eines Ritters.

Rings um den Fruchtknoten stehen drei Staubgefäße; ihre Staubbeutelchen hängen an haardünnen Fädchen. Anfänglich sind die Fädchen noch klein und die Beutel verbergen sich in der Blüte, dann strecken sich die Fäden rasch in die Länge und die Staubgefäße hängen wie Trobbeln rings um die Aehre. Nimmst du den Stiel einer Aehre in den Mund, welche im Begriff ist aufzublühen, und saugst etwas daran, so kannst du die violetten Beutelchen bald hervorkommen und sich ausstrecken sehen.

Streife die zierlichen Staubgefäße nicht ab, wenn du am blühenden Getreidefelde entlang gehst; die Aehren werden sonst unfruchtbar. Die zarten Stäubchen, die aus den Beutelchen fallen, müssen auf die Narben des Fruchtknotens gelangen, wenn ein Samenkorn aus dem letztern entstehen soll. Tritt anhaltendes Regenwetter während der Blütezeit ein, kommt gar zur Nachtzeit ein scharfer Frost, dann verderben die Blüten. Die Hoffnung der Ernte ist vernichtet.

Statt der Blütenstäubchen trägt der Wind mitunter auch Fruchtstäubchen von kleinen Pilzen herzu, diese lassen sich als ungebetene Gäste auf den Fruchtknoten nieder und verzehren sie. Statt mehlreicher Körner wächst beim Roggen dann das giftige Mutterkorn hervor gleich violetten Hörnern; beim Hafer und Weizen stäubt schwarzes Pulver aus, als seien die Körner zu Kohle gebrannt; drum nennt man diese schmarotzenden Fremdlinge „Brandpilze.“

Auch am Halm und an den Blättern lassen sich mitunter kleine Pilzstäubchen nieder und bilden dort Anschwellungen und rostgelbe Flecken.

Ein Fruchtknoten und drei Staubgefäße einer Getreideblüte sind von zwei Blütenspelzen umschlossen; eine derselben ist kleiner, die andere größer.

Weizen. Roggen. Gerste. Hafer.

Meistens trägt wenigstens eine der Spelzen eine Granne. Bei der Gerste sind die Grannen am längsten, dabei scharf und zerbrechlich. Der Roggen hat kürzere Grannen. Der Weizen kommt entweder grannenlos vor oder hat Grannen von mäßiger Länge und heißt dann Grannenweizen. Die Grannen des Hafers sind in der Mitte knieförmig gebogen. Beim Roggen sitzen 2 oder 3 solcher Blütchen dicht bei einander und werden auch am Grunde von zwei Kelchspelzen umschlossen. Bei der Gerste hat jedes einzelne Blütchen zwei Kelchspelzen, beim Weizen sind 3—4 Blüten zu einem Aehrchen durch die Kelchspelzen vereinigt, beim Hafer meistens zwei.

Die Aehrchen des Hafers schwanken an haardünnen Stielchen und bilden so eine Rispe. Die übrigen 3 Getreidearten vereinigen ihre Aehrchen zu einer zusammengesetzten Aehre. Mitten durch diese verläuft der oberste Halmtheil (Spindel, Achse), der zahnförmig ausgeschnitten ist. Beim Roggen und bei der Gerste bilden die Zahnausschnitte zwei Zeilen, beim Weizen vier. Auf jedem Ausschnitt sitzt beim Roggen ein Aehrchen, bei den meisten Gerstenarten dagegen deren drei. Die Aehre des Roggens erscheint deshalb zweizeilig, bei der Gerste wird sie scheinbar sechszeilig, beim Weizen vierzeilig, doch kommen auch Gerstenarten vor, die zweizeilige Aehren tragen.

Sehr sonderbar sieht diejenige Spielart des Weizens aus, bei welcher auf demselben Halm mehrere Aehren aus einander hervorwachsen. Durch die langjährige Pflege, welche der Landmann den Getreidearten hat zu Theil werden lassen, sind zahlreiche Spielarten entstanden; wir lassen uns für heute genügen, die Hauptformen zu unterscheiden. Wir kennen den Weizen, der uns das Mehl zu Semmel und Kuchen giebt. Wir unterscheiden von seinen schweren, goldfarbenen Aehren den schlankeren graugrünen Roggen, den Brotlieferanten. Seine Halme überragen noch unser Haupt und neigen sich erst, wenn die schweren Körner sie belasten. Niedriger hält sich die Gerste und beugt sich mit den langen Grannen im Bogen zu Boden. Sie giebt ebenfalls Mehl zu Gebäck, dann Graupen zur Suppe und endlich das Bier.

Am leichtesten macht sich der Hafer bemerklich und schüttelt sein flatteriges Haupt im Luftzuge. Er nährt die Pferde, giebt Graupen und Grütze, den Völkern des Nordens auch Brot, denn er verträgt die Kälte am besten und gedeiht selbst noch da, wo die andern Getreide nicht mehr fortkommen.

Sind die Blütenstäubchen des Getreides auf die Narben des Fruchtknotens gelangt und haben in letzterem die Entstehung des Keimes veranlaßt, so verwendet die Pflanze alle ihre Kräfte, um die Samenkörner zu bilden. Alles, was die Wurzeln und Blätter aus Erde und Luft erbeuten, steigt im Halme hinauf, zu den Fruchtknoten. Diese schwellen an, während die Staubgefäße verwelken und abfallen. Die Fruchtknoten strotzen von Saft. Letzterer sieht weiß aus, fast wie Milch. Haben die Körner ihre volle Größe erreicht, so lagern sich die weißen Körnchen, die dem Safte das milchige Aussehn verleihen, in ihnen ab. Es bildet sich das Mehl. Vierzehn Tage ungefähr bedürfen die Körner nach dem Verblühen, um ihre Größe zu erhalten; andre vierzehn Tage sind sie saftig, voll Milch, und abermals vierzehn Tage brauchen sie, um hinreichend hart zu werden. Halm und Blätter haben dann ihre Arbeit gethan und gehen schlafen. Sie werden bleich und neigen sich zu Boden. Sicheln und Sensen klingen, die Ernte beginnt. Die Körner kommen in die Wohnungen der Menschen, wandern von Ort zu Ort, und wo ein Kind Hunger hat, helfen sie ihm aus der Noth, bieten ihm auch einen erquickenden Trank, ja sie werden ihm in Krankheit sogar zur Arznei.

Ist in einem Lande das Getreide mißrathen, ist es in der Blüte verdorben, durch Hitze im Wachsthum gehindert oder noch bei der Reife durch lange anhaltenden Regen zu Grunde gegangen, so wandern die Körner aus andern Ländern herzu und wehren der Hungersnoth. Die Dampfwagen ziehen schnaubend lange Getreidezüge herbei, Schiffe bringen Weizen und Roggen selbst weit über das Weltmeer. Wie der Heiland, nachdem er mit wenig Brot viel Volks gesättigt, schließlich noch zu den Jüngern sprach: „Sammelt die übrigen Brocken, damit ja nichts umkomme!" so läßt man auch jetzt nicht den Ueberfluß einer reichen Ernte im Speicher verderben und von den Würmern zerfressen, sondern man theilt Denen davon mit, bei denen Mißwachs oder unzureichende Ernte statt fand. Durch die Körner des rauschenden Aehrenfeldes werden die Völker der Erde zu einer großen Familie verbunden. Wie ein Bruder theilt mit dem andern, so theilen die Völker die Aehrenfrucht. Wir essen nicht selten Brot aus russischem Korn und Semmel aus amerikanischem Weizen. Zur Mittagskost haben wir Reis aus dem fernen Asien.

Verstehst du nun das Lispeln des wogenden Aehrenfeldes, wenn der Fittig des Engels darüber streift? Es ist das Lied der Liebe, das die reifenden Aehren leise singen, jenes Lied, das durch die ganze Natur klingt. „Wer Ohren hat zu hören, der höre!"

2.

Die Feldgrille und die kleinen Gäste im Getreidefeld.

Eine kleine Grille sang
Einen ganzen Sommer lang,
Und war immer ohne Sorgen
Für den lieben andern Morgen.

Gleim.

Es war am heißen Sommer-Mittag, als ich am Feldrain mich auf das weiche Gras lagerte, um auszuruhen. Den ganzen Vormittag war ich gewandert und die Sonne hatte mich müde gemacht. Ein schattiger Busch gewährte etwas Kühlung; Alles war still rings umher!; nur die Feldgrille sang ununterbrochen ihr einförmiges Lied.

Die blauen Glockenblumen nickten mir zu, als wollten sie mich mit leisem Läuten zum Mittagsschlaf einwiegen, — die hohen Aehren des Getreidefeldes links und rechts wiegten sich langsam, als träumten sie eine wunderliche Geschichte. Halb schlafend, halb wachend belauschte ich das stille Leben und Treiben des Halmenmeeres; das Summen der Fliegen und Käfer ward zum Gespräche, zum behaglichen Plaudern.

Oft schon hatte ich ehedem das Zirpen der Grille gehört, noch nie aber den kleinen Feldsänger gesehen. Jetzt erklang die Musik dicht neben mir und — da saß das Thierchen, wenige Spannen von mir entfernt, an der Thüre seines Hauses. Ein Röhrengang mündete an der Seite des Feldrains; dort schaute es bedächtig heraus, schlüpfte dann behende hervor und sang.

Ich sah es ihr auf den ersten Blick an, daß sie eine leibliche Schwester der Hausgrille war, des Heimchens, dieser alten Bekannten, die stets so traulich Musik machte, wenn die Großmutter Abends uns neben dem Ofen Märchen erzählte. Sie schaute mich mit dem wunderlichen Gesicht fragend an, als meine sie: ob ich zu den Grillenfängern gehöre, die sie nicht leiden mag, oder zu den friedlichen Geschöpfen, die Vergnügen finden an der Feldmusik und mitsingen, wenn Andre ein Lied anstimmen?

Feldgrille.

Was hat sie für ein kurioses Gesicht, ganz wie ein lustiges altes Männchen, und die Griechen hatten gar nicht so Unrecht mit ihrer Grillengeschichte.

Es war einmal, so erzählten sie, ein wunderschöner Jüngling, der eben so lustig als hübsch war, so daß selbst die Göttin der Schönheit, die Venus, großes Wohlgefallen an ihm fand. „Wie schade ist es," sprach sie, „daß er einst sterben muß und nicht ewig fortleben kann wie die Götter." So bat sie den Göttervater, er möge dem Gryllos ewiges Leben verleihen, und er gewährte die Bitte. Allein sie hatte vergessen, ihm auch ewige Jugend und Schönheit zu erbitten; so blieb ihr Schützling zwar am Leben, je älter er aber ward, desto mehr schrumpfte er auch zusammen, bis er zuletzt zur zollangen Feldgrille ward, grau und bedächtig von Angesicht. Nur die gute Laune behielt die Grille noch übrig und singt, dem alten Gesicht und der winzigen Gestalt zum Trotz, den ganzen Tag lang behaglich ihr Lied. Das nennen die gelehrten Leute Humor.

Ich sah auch ganz deutlich, wie die kleine Grille ihr sonderbares Lied zu Stande brachte. Sie sang nicht mit dem Munde, wie etwa der Laubfrosch, machte ihre Musik auch nicht mit dem Brustschild, etwa wie das rothe Lilienkäferchen im Garten, sondern geigte unverdrossen mit dem Bein an der Flügeldecke, just wie ein gelernter Spielmann, brauchte auch weder Colophonium noch ein Notenblatt dazu, sondern hatte Alles auswendig gelernt.

Die jungen Grillen verstehen das Singen noch nicht. Sobald sie aus dem Ei in die Erde geschlüpft sind, haben sie noch keine Flügel. Lange Zeit müssen sie hübsch schweigen, wenn die Alten Musik machen, und dürfen nur zuhören. Haben sie aber gelernt ihr Brot zu suchen, Blättchen, Würzelchen und Körner zu verzehren, sind sie davon größer und stärker geworden, so ziehen sie das Kinderkleid aus, sie häuten sich und erscheinen endlich mit Flügeln und Flügeldecken. Dann dürfen sie mitsingen.

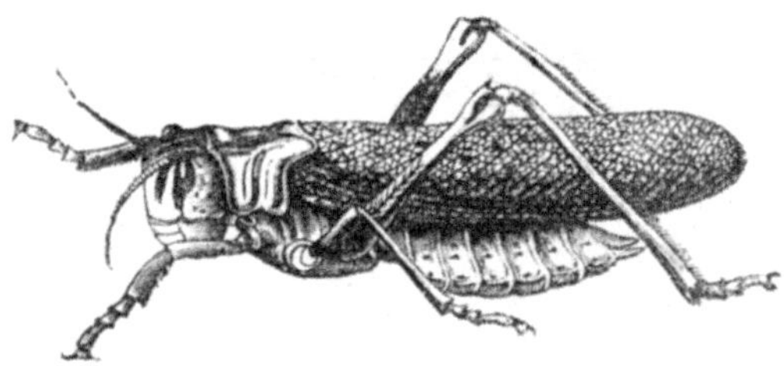

Die Heuschrecke.

„Hör' mal!" sag' ich zur Grille, „ihr seid mir eine saubere Gesellschaft! Deine Cousinen, die Heuschrecken, fressen ja den Leuten anderwärts das Getreide vom Felde und das Laub von den Bäumen; du magst hier am Getreidefeld wol auch so Mancherlei treiben, was der Feldhüter nicht sehen darf, und daß du ein Schlupfloch dir anlegst, mag wol seinen guten Grund haben!" Da meint die Grille ganz keck und setzt sich dabei in die Höhe wie ein Männchen: „Machen's die Heuschrecken doch nie so arg wie die Menschen, diese schmoren meine lieben Verwandten über dem Feuer und verspeisen sie. Das läßt sich keine Heuschrecke oder Grille zu Schulden kommen, sondern begnügt sich mit grünem Gemüse und in der Hungersnoth mit dem Stroh. Und was mich anbelangt, so sieh nur das Getreidefeld an, wie das ringsum so schön steht: ein Halm höher als der andere, jeder voll schwellender Körner. Aber so seid ihr Menschen, wenn ihr auch alle Scheunen gestopft voll habt und draußen auf dem Felde noch haushohe Schober, und es nimmt ein hungriges Thierchen einmal einen Mundvoll, hier ein Blättchen, dort ein verlorenes Korn, so schreit ihr gleich Zeter und scheltet uns Diebe und Räuber! Ja, ihr gönnt selbst der armen Frau nicht das Hälmchen, das liegen blieb, sondern scharrt mit dem Rechen Alles zusammen: Befiehlt euch 'nicht die Bibel, rings am Rande Etwas stehen zu lassen und im Jubeljahr Alles den Armen zu gönnen und dem Gethiere des Feldes?“

„Höre“, sag' ich darauf, „da du in der Bibel so trefflich Bescheid weißt, so will ich mit dir darüber nicht streiten, denn ich vermeide das lieber, wenn's sein kann; hab' ich doch selbst kein Getreidefeld und kaufe das Brot und die Semmel fertig vom Bäcker. Aber erzähle mir lieber von den andern Gästen, die mit dir auf dem Felde offene Tafel halten, trotz dem scheltenden Landmann und dem Feldhüter. Ich meine die Kleinen von deiner Statur, denn von den Größern hör' ich ein andermal wol; ich muß heut noch weiter!“

So erzählt mir die Feldgrille nun eine lange Geschichte vom großen Schmaus auf dem Felde, bei dem sie als Geiger Tafelmusik macht. Alles singt sie in ihrer Manier und streicht mit dem Bein an dem Flügel, nickt auch mit den Fühlern dazu und schaut mit den großen Augen mich aufmerksam an. Ich will dir Einiges davon ins Deutsche übersetzen:

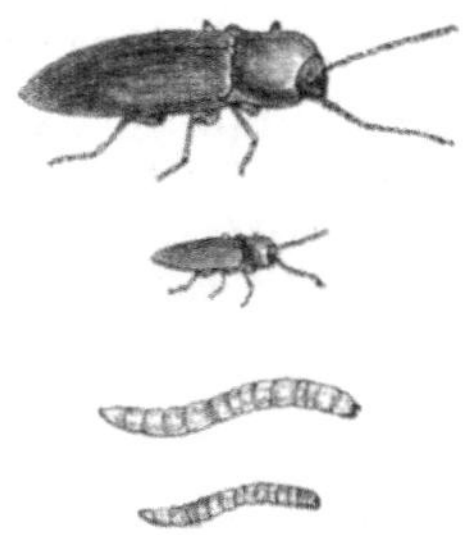

Saatschnellkäfer und Drahtwurm, oben vergrößert, unten natürliche Größe.

Wenn der Landmann die Getreidekörner aufs Feld streut, fallen sie dicht bei einander. Sie keimen so besser, wenn sie hübsch in Gesellschaft sind. Werden sie freilich größer, dann können sie so eng neben einander nicht wachsen. Ein Theil von ihnen muß weg sonst verkümmern sie alle. Für diesen Ueberfluß sind mancherlei Gäste geladen, die von den Brosamen sich nähren, welche von der Herren Tische abfallen.

Am Roggenblatt klettert der Schnellkäfer (Saatschnellkäfer, Elater segetis), auf dem schwarzen Kopf ein Paar zierliche Fühler, der Rücken hübsch gelbbraun und längs gestreift. Die Kinder nennen ihn „Hüpfeschmied“ und legen ihn auf der Hand auf seinen Rücken, wenn sie ihn fangen. Dann macht er sich steif und thut einen „Knack!“ Ein Spitzchen unten am Brustschild schnappt ein und schnellt ihn hoch in die Luft. So kommt er wieder auf die Beine. Das ist auch ein Kunststückchen, welches ihm so leicht kein Anderer nachmacht und sei er der trefflichste Turner. Daß er das Getreidefeld aufsucht, hat seinen guten Grund. Er legt in die Erde winzige Eier; aus diesen schlüpfen kleine gelbe Würmchen, der Landmann nennt sie Drahtwürmer. Diese zehren von den Wurzeln des Getreides, mit dem Engerling in Gemeinschaft. Daß aus dem letztern der Maikäfer entsteht, weißt du ja längst (s. Band II., S. 158). Vier bis fünf

Jahre lang speisen die Drahtwürmer Getreidewurzeln, ehe sie sich einpuppen, um wieder zu Käfern zu werden. Sie treffen drunten auch noch Gesellschaft. Die **Getreidelaufkäfer** (Carabus gibbus) verbringen den Tag in der Erde oder unter den Feldsteinen. Erst am Abend schlüpfen sie hervor, klettern an den Halmen und Blättern hinauf und vollführen dort ihre Seiltänzerkünste. Zur Stärkung schmausen sie dann hie und da ein junges Körnchen, das noch in seinen Spelzen sitzt. Am hungrigsten zeigen sie sich freilich als Larven. Dann siedeln sie sich gern in den Halmen des Getreides an und fressen diese inwendig aus, so daß sie gelb werden und umfallen.

Auf den Blättern des Getreides spaziert auch die Larve des **Getreidehähnchens** (Chrysomela) umher. Sie sieht fast aus wie eine kleine Nacktschnecke und ist eben so schleimig und schlüpfrig wie eine solche. Diese Käferräupchen verzehren nicht das ganze Blatt, sondern schaben nur die grüne Blattmasse in langen Streifen ab. Davon wird das Blatt freilich gelb und verwelkt. Haben sich die Thierchen groß und dick genug gefressen, so graben sie sich im Boden ein, schlafen dort ein paar Wochen als Puppen und kommen Ende August als kleine Käfer zum Vorschein. Die eine Art davon sieht schön blau aus (Chr. cyanella), eine zweite hat einen rothen Hals (Chr. melanopa).

Getreidelaufkäfer, unten nat. Gr.

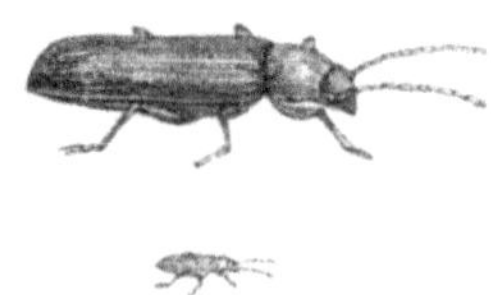

Getreidehähnchen, unten nat. Gr.

Ein kleiner Verwandter des Maikäfers macht sich gern an den Roggenähren zu schaffen und sieht nach, wie sie wachsen. Er ist über und über zottig behaart und gelbbraun von Farbe. Die Käferkundigen nennen ihn **Getreidelaubkäfer** (Melolontha fruticola, siehe Anfangsb. unten links) und meinen, daß er bei seinen Besuchen die Staubgefäße von den Aehren abfräße oder die jungen Körnchen kostete, wie süß sie schmecken.

Wenn der Weizen noch jung ist, so schmeckt der Saft in seinem weichen Halm gerade wie Zucker. Er macht sich als Verwandter des Zuckerrohres kenntlich und lockt mancherlei kleines Gethier zum Naschen herbei. Bei den andern Getreidearten ist es ganz ähnlich. So legt die **Roggenhalmfliege** (Musca lineata) ihre Eier an die ganz kleinen Roggenpflänzchen. Die gelben Fliegenmaden verzehren den Halm bis zur Wurzel, so daß die

Pflanze abstirbt. Mitunter treibt letztere aber an der Seite neue Sprossen und statt des einen zerstörten Halmes kommen mehrere neue hervor.

Die sogenannte *Hessenfliege* (Cecidomia destructor), welche im Ansehen aber eher einer kleinen Mücke gleicht als einer Fliege, verbirgt ihre Eier in der Nähe der Wurzel, in die Scheiden der untersten Blätter. Dort machen es sich ihre weißen Maden bequem und fressen sich in den süßen Stengel hinein, wie die Gutschmecker ins Königreich Schlaraffenland. Die Getreidehalme verlieren dadurch ihren Halt, und sobald ein Windstoß kommt, knicken sie um. Ihre Aehren verkümmern. Sind die Hessenfliegen in Menge vorhanden, so begnügen sie sich nicht mit dem Ueberschuß auf dem Getreidefelde, sondern nehmen den größten Theil für sich in Beschlag und der Landmann hat schlimme Ernteaussichten.

Getreidehalmwespe, links natürliche Größe.

a Die Weizenschnake, b Hessenfliege, c eine Weizenblüte mit Maden der Weizenschnake.

Wie im Walde beim Raupenfraß stellen sich in solchen Fällen auch auf dem Felde *Schlupfwespen* (Ceraphon destructor) in größerer Menge ein, bohren die Maden der Hessenfliege an, legen ihre Eier in dieselben und vermindern dadurch wieder ihre Anzahl.

In den Blüten des Weizens logirt sich die *Weizenschnake* (Cecidomia tritici) ein, an Gestalt der Stechmücke ähnlich, aber nur so lang wie das Weiße am Fingernagel und pomeranzengelb von Farbe. Ihre Maden fressen den Blütenstaub und verderben dadurch die Frucht.

Die feuerrothe Larve des *Getreideblasenfußes* (Thrips cerealium) verspeist am liebsten die jungen Getreidekörner, so lange dieselben noch in der Milch stehen, d. h. so lange sie noch ganz saftig und weich sind.

Die Larven der *Getreidehalmwespe* (Cephus pygmaeus) bewohnen vorzugsweise den Halm, wie der Name des Thierchens schon andeutet.

Zu diesen Käfern, Mücken, Fliegen und Wespen kommen noch einige *Schmetterlinge*, deren Raupen sich auch mit auf dem Getreidefelde zu Gaste laden. Die dicke, aschgraue Raupe der *Wintersaateule* (Noctua segetum, s. Anfangsbild unten), welche bis zwei Zoll lang wird, hält sich am Tage in der Erde oder unter Steinen versteckt. Erst in der Dämmerung kommt sie zum Vorschein, weiß aber im Finstern die Getreideblätter ganz vortrefflich zu finden, so daß am Morgen der Landmann auf seinem Felde kahl gefressene Stellen antrifft, ohne zu wissen, wer der Uebelthäter wol sein mag. Weniger häufig ist die Raupe der weißgelben Eule (Noctua ochroleuca), die gern den Winterweizen besucht.

Die Räupchen einiger kleinen Mottenarten, der Getreidezünsler (Pyralis frumentalis, P. silacealis, P. secalis), quartieren sich in den Stengeln des Getreides ein und verzehren dort das Mark. Die oberen Halmglieder entwickeln sich nicht weiter und die Aehren bleiben in den Blattscheiden stecken, höchstens schauen sie mit den Grannen etwas heraus. So sterben sie ab, ohne zu blühen und Frucht zu tragen.

Kornkäfer und Kornmotten folgen dem Getreide sogar bis in die Scheune und auf die Lagerböden, und ihre Maden zehren manches Korn auf, ehe der Landmann die Frucht zum Müller schaffen kann.

So erhalten wir eine ganze Reihe kleiner Wesen, die fast ausschließlich vom Getreide ihr Leben fristen. Wenn der Säemann seine Hand öffnet und die Körner auswirft, thut er's, ohne es zu wollen, auch für die Hunderte dieser Kostgänger mit. In den meisten Jahren werden sie alle satt, ohne dem Landmann dadurch sonderlich zu schaden; nur wenn das eine oder andere dieser Thierchen sich ausnahmsweise zu stark vermehrt hat, richtet es bemerklichen Schaden an. Gewöhnlich wird aber auch bald darauf durch Einfluß des Wetters einer solchen Vermehrung Einhalt gethan, und die Vögel und sonstige Thiere halten ebenfalls strenge polizeiliche Aufsicht darüber.

Die Grille hat allerdings gute Ursache, sehr auf ihrer Hut zu sein und sich nicht zu weit von ihrer Wohnung wegzuwagen. Der Neuntödter auf dem Dornbusch hat ein scharfes Auge und wird sie sicher wegschnappen und anspießen, trotz aller ihrer Lieder, die sie unentgeltlich zum Besten giebt.

Schwarzer Kornkäfer (vergrößert).

3.

Vom Unkraut unter dem Getreide.

Es wogt des Landmanns Aehrenfeld,
Und Hoffnung ihm die Seele schwellt.
Kornblumen-Blau lehrt ihn vertraun
Und glaubend auf zum Himmel schaun.

Harms.

Das Getreide auf dem Felde liebt große Gesellschaft. Es mag nicht nur mit Seinesgleichen am liebsten zu Tausenden beisammen stehen, sondern läßt auch zahlreiche Pflänzchen anderer Art mit aufs Feld, pflegt und schützt sie. Es wird bunte Reihe gemacht; neben den grünen Halmen und Blättern des Weizens und Roggens leuchten die feurigen Blüten des Klatschmohns (Fig. 3); die himmelblauen Kornblumen (Fig. 5) und purpurnen Raden (Fig. 7), dazwischen steht noch hunderterlei anderes kleines und großes Gewächs. Immer herzu! heißt es, hier ist noch Raum da; hier giebt's lockere

Erde und gut gedüngten Boden, hier Sonnenschein für Alle, Jeder hat freie Zehrung."

Der Landmann mag aber die fremde Gesellschaft nicht leiden und nennt sie Unkraut; ja er meint: wenn ihm der liebe Gott das Getreide beschert habe, so müsse wol der böse Feind das andere Gewächs darunter gesäet haben.

Unter dem Unkraut giebt's vielerlei Art, nahe an hundert verschiedene Sorten. Manche von diesen Pflänzchen wuchsen bereits früher im Lande, ehe das Getreide zu uns kam. Der kleine gelbe Goldstern, die stengelumfassende Taubnessel, Hungerblümchen und Hohlzahn (Fig. 4), Ehrenpreis und Ackerdisteln hatten sich seit langen Jahren auf den sonnigen Plätzen unsers Vaterlandes wohl befunden, ehe Jemand hier Weizen oder Roggen säete und erntete. Ihre Voreltern waren hier jung gewesen und groß geworden, hatten Samen gereift und ausgestreut, warum sollten sie es nicht auch thun?

Nun kam der Bauer mit Spaten und Pflug, riß den Boden um und warf all die Blümchen und Kräuter über den Haufen. Die einen verbrannte er mit Feuer, als seien sie Missethäter, die anderen begrub er halb lebendig unter die Schollen. Nun meinte er, er habe sie alle vernichtet. Er irrte sich, sie ließen sich nicht so leicht von ihrem angeerbten Grund und Boden vertreiben.

Die winzigen Samenkörner entschlüpften dem Landmann unter den Händen. Eine Distel verbrannte er, zehn andere säete er selbst aus, ohne es zu merken; so waren sie im nächsten Jahre frisch und munter alle wieder beisammen: Hederich und Melde, Windhalm und Knäuel und die übrigen.

Trespen (s. Fig. 10) und Raden, Lolch und Ackersenf halten sich lang gestreckt wie das Getreide, — wer sollte sie zwischen den Halmen herauslesen? Sie fielen mit ihren Genossen unter Sichel und Sensen, kamen mit in die Garben und dann in die Scheunen. Hier mischten sich ihre Samen unter die Roggen- und Weizenkörner, und wenn der Landmann im Herbst oder im Frühjahr mit vollen Händen die Saat in die Furchen warf, so war er selbst der Feind, der das Unkraut unter den Weizen streute.

Die kleinen Unkräuter, welche sich dicht am Boden halten, entschlüpfen noch leichter den Händen des Ackersmannes. Viele von ihnen sprossen kaum bemerkbar zwischen den Pflänzchen der Saat auf, treiben hastig Blätter und Blüten und reifen in möglichster Eile ihre Samen. Ehe der Schnitter das Feld räumt, haben sie die Körnchen bereits ausgestreut. Sie selber sind abgestorben, unscheinbare Stengelchen, die der Arbeitsmann zur Erntezeit kaum beachtet.

Außer diesen Unkräutern, die als Urbewohner des Landes ihr Eigenthum gegen das fremde Getreide hartnäckig vertheidigen, sind aber noch eine nicht geringe Anzahl anderer Pflanzen aus fernen Ländern eingewandert. Sie haben das Getreide auf seiner segensreichen Wanderung um die Erde treulich begleitet, und wo man Getreide säet, kommt auch das eine oder andere Unkraut zum Vorschein. In demselben Sack, in welchem unsere Vorfahren die Roggen- und Weizenkörner aus dem fernen Asien nach Deutschland brachten, hatten sie, ohne es zu merken, auch Samen von Kornblumen, Mohn, Raden und Rittersporn, dazu noch manches andere winzige und unscheinbare Körnchen.

Der Landmann freut sich nicht über das Unkraut unter dem Getreide. Er führt seit langen Jahren einen Vertilgungskrieg gegen dasselbe, ohne es völlig besiegen zu können. Wenn er es wenigstens vermindern kann, muß er oft schon zufrieden sein, denn der kleinen Feinde sind viele, und alljährlich wandern ihm vom Nachbarfelde, vom Wegesrande und Brachlande neue Gesellen zu und fragen an: ob ein Kämmerchen für sie zu vermiethen ist? Der Ackersmann hat guten Grund, gegen die Unkräuter zu Felde zu ziehen. Es giebt nicht wenige unter ihnen, welche die gewährte Gastfreundschaft schnöde mißbrauchen und es mit den Getreidepflanzen machen wie der Igel in der Fabel mit dem Hamster.

Klappertopf und Zahnaugentrost sind von Ansehen zwei ganz niedliche Pflanzen, denen man kaum etwas Arges zutrauen sollte. Die erstere hat hübsche gelbe Larvenblumen mit violetten Staubbeuteln, die letztere rothe Blüten. Ihre jungen Keimpflänzchen ernähren sich aber nicht durch eigene Arbeit wie rechtschaffene Leute, sondern schmarotzen bei ihren Nachbarn herum gleich faulen Tagedieben. Die Klappertopfpflänzchen senden feine Nebenwurzeln aus, die sich an die Wurzeln der Gerste anlegen. Aus diesen ziehen sie den Saft; sie machen sich das Leben bequem. Die Gerstenpflanzen werden freilich dadurch schwach und kraftlos. Sie sterben ab, während ihre Gäste groß und stark dabei werden und zu guter Letzt sich auch durch ihre eigenen Wurzeln ernähren lernen. So kann es kommen, daß der Landmann Gerste auf seinen Acker säet und Klappertopf statt derselben darauf wächst, den er nicht brauchen kann, nicht einmal gut zum Viehfutter.

Der Zahnaugentrost macht es mit den Roggenpflanzen, neben denen er wächst, nicht besser. Er treibt mitunter fußlange Wurzeläste, um eine solche zu erreichen und auszusaugen.

Auch den Feldwachtelweizen, der mit seinen purpurrothen Deckblättern und goldgelben Blüten ganz hübsch aussieht, hat man in Verdacht, daß er in seiner Jugend ein ähnliches Schmarotzerleben führe.

Disteln und Wucherblumen saugen zwar die benachbarten Getreidepflanzen nicht aus, aber sie machen sich schon in früher Jugend ungebührlich breit und drücken ihre Nachbarn zu Tode. Wo sie sich ansiedeln, kann kein Roggenhalm sprießen. Drunten nehmen sie mit breiten Wurzeln das Land für sich in Besitz, droben strecken sie Stengel und Blätter habsüchtig nach allen Seiten hin und behalten jeden Sonnenstrahl und jeden Thautropfen für sich. Das Getreide ringsum muß verderben und sterben.

Winden, Vogelwicken und wilde Linsen verflechten die Halme mit ihren ringelnden Stengeln und Wickelranken. Im besten Falle verderben sie wenigstens das Stroh, manche Unkräuter aber schaden noch durch ihre Samen dem Landmann. Ihre Körner mischen sich unter die ausgedroschene Frucht. Mehl und Brot werden durch dieselben schlecht, wenn sie in größerer Menge darunter sind.

Sind viel Samen vom Wachtelweizen unter dem Roggen, so wird das Brot blau und schmeckt bitter. Semmeln aus Vogelwickenmehl sind auch kein gutes Essen, und wenn die Samen der Kornraden häufig zwischen dem Korn sind, so wird das Brot bläulich und schädlich. Ehedem bezeichnete man auch den Lolch als giftig, gegenwärtig vermuthet man aber, daß man ihm das Schuld gegeben, was die Ackerrade verursacht hat.

Der Landmann sucht sich gegen die zudringlichen Gäste zu wehren, so gut es gehen will. Er reinigt den Samen, siebt die kleineren Körner durch und worfelt die leichtern heraus. Den Schachtelhalm (s. Fig. 9), die Ackerwinden und den Queckenweizen, die tief im Boden ihre unterirdischen Stengel und Wurzelstöcke treiben, reißt er mit dem Pflugschar heraus und läßt sie weglesen. Gegen einzelne Unkräuter, wie z. B. gegen die gelbe Saatwucherblume, sind sogar vom Staate Gesetze erlassen worden, und manche Gegenden sind durch die gemeinschaftlichen Anstrengungen auch ziemlich von ihnen befreit.

Nichts auf der Welt ist aber so schlecht, daß nicht noch irgend etwas Gutes daran wäre. Wir vermögen bei unseren Entdeckungsreisen im Felde den Landmann von dem Unkraute nicht zu befreien; wir wollen deshalb, weil es einmal vorhanden ist, zusehen, ob wir nicht dies oder jenes Gute noch an den geschmäheten und viel getadelten Gewächsen entdecken.

Kaum ist die Schneedecke vom Saatfelde verschwunden und die Lerche probirt ihre ersten Lieder, so marschiren arme Kinder und Frauen aufs Feld, mit Messern bewaffnet, mit kleinen und großen Körben versehen. Die einen stechen Feldsalat (s. Fig. 1 Rapünzchen, Valerianella olitoria) und junge Kornblumenstöckchen (s. Fig. 5) aus, die andern erwählen die Disteln (Cnicus arvensis) und Gänsedisteln und füllen damit ihre Körbe. Die ersten beiden Sorten müssen Salat abgeben, die letztern werden gewaschen, mit kochendem Wasser abgebrüht und gestampft und liefern nahrhaftes Gemüse fürs Vieh.

1. Acker(Feld)kamille, 2. echte Kamille und 3. Hundskamille.

Kommt der Sommer, so erhält auch die Küche des Apothekers etwas vom Unkraut. Erdrauch und Ackerveilchen (Stiefmütterchen) werden für ihn eingetragen, auch die rothen Blumenblätter des Klatschmohn und die blauen der Kornblumen, letztere wenigstens zur Verzierung des Räucherpulvers. Am wichtigsten möchte wol die Kamille sein, die das Kind beim Einsammeln aber genau von der sehr ähnlichen Hundskamille und Feldkamille unterscheiden muß. Die echte Kamille hat einen gewürzhaften, bitterlich angenehmen Geruch, die Hundskamille dagegen stinkt. Bei der echten Kamille ist der Blütenboden hohl, d. h. derjenige oberste Theil des Stengels, auf welchem die gelben Scheibenblütchen stehen, — bei der Hundskamille ist er mit Mark gefüllt und fühlt sich deshalb fest an. Drückt man mit dem Fingernagel eine Blüte der Länge nach aus einander, so merkt man den Unterschied bald. Außerdem stehen zwischen den einzelnen Blütchen der Hunds- und Feldkamille auf dem Blütenboden kleine Blättchen, sogenannte Deckblättchen oder Spreublättchen, bei der echten Kamille fehlen dieselben.

Es hat schon manch armes Kind durch Kamillensammeln seinen Eltern beistehen helfen, den theuren Unterhalt des Lebens zu ermöglichen. Einst war auch sogar einmal ein Herr Doktor, welcher Nachts mit der Laterne ans Getreidefeld ging, um ein gewisses Unkraut zu suchen: den buntblütigen Hohlzahn (s. Fig. 4). Er that es im Finstern, damit Niemand bemerken sollte, was er eigentlich sammle. Daheim zerschnitt er die Blüten in kleine Stückchen, verpackte sie in Päckchen und bot sie um hohen Preis als unfehlbares Mittel gegen die Schwindsucht feil. Seiner Kasse ward durch die Hohlzahnblüten auch wirklich geholfen, ob aber auch den Patienten, das habe ich niemals erfahren.

Daß man die Wurzeln des Queckenweizens ebenfalls in der Apotheke verwendet, wird dir bekannt sein; ebenso weißt du, daß sogar der unangenehme Schachtelhalm dient, um das Zinnzeug zu scheuern, und daß die Ackerwinde als Viehfutter nicht übel ist. Wohnst du etwa in einer Gegend, in welcher weit und breit kein Wäldchen vorhanden ist, in dem du Pflanzen sammeln könntest, dann mögen die Unkräuter am Feldrande oder auf dem Brachacker deine botanischen Kenntnisse vermehren helfen.

Schon im ersten Frühjahr blühen mancherlei kleine zierliche Gewächse zwischen dem Getreide, anspruchslose und niedliche Gestalten, die dem Fruchtfelde keinerlei Schaden zufügen. Weißblütiges Hungerblümchen streckt seine zollhohen feinen Blumenstielchen aus hübschen Blattrosetten empor; neben ihm prangt tiefblauer Ehrenpreis mit dreitheiligen Blättern, dazu dessen Verwandte: der Feldehrenpreis, Ackerehrenpreis und der epheublätterige Ehrenpreis; diese mit hellern Blüten. Hungerblümchen und Ehrenpreise erinnern uns lebhaft an die Gewächse des Nordpols und an jene der höhern Alpengebiete. Bilder der Ferne knüpfen sich an die Gestalten der Heimat. Wir sehen im Geiste die muthigen Seefahrer an der Küste des Eismeeres, wie sie sich mitten unter tausend Gefahren über die hervorsprossenden Blümchen freuen, die selbst in jenen unwirthlichen Gegenden noch gedeihen.

Neben den genannten Unkräutern treffen wir auf unseren Feldern oft die stengelumfassende Taubnessel, die uns durch ihre Blütenbildung Interesse gewährt. In den ersten Tagen des Frühlings finden wir ihre purpurrothen Blüten klein und verkümmert. Sie schauen kaum aus dem fünfspaltigen Kelche heraus und bleiben gewöhnlich geschlossen. Diejenigen Blumen, welche im Sommer sich zeigen, sind lang hervorgestreckt, mit gerader Kronenröhre und geöffneten Lippen. Wir erkennen deutlich den Einfluß der äußern Verhältnisse, des Frühlingswetters und der Sommerwärme auf das Leben des Kräutchens und auf die Entwicklung seiner Organe.

Einen sonderbaren Anblick gewährt das kleine Mäuseschwänzchen, d. h. nicht etwa das Schwänzchen einer wirklichen Maus, sondern ein Pflänzchen, welches wegen seiner Form jenen Namen erhalten hat. Es ist mit dem Hahnenfuß und den Anemonen verwandt und hat, wie diese, zu innerst in seiner Blüte zahlreiche Stempel dicht beisammen stehen. Sowie die unansehnliche grünliche Blume verblüht ist, wächst der mittlere Blütentheil, welcher die Stempel trägt, länger und länger und erhält täuschend das Ansehen eines fingerlangen, dünnen Mäuseschwänzchens.

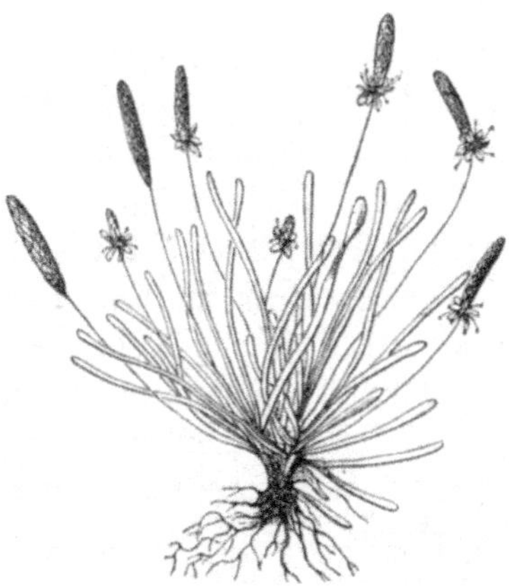
Mäuseschwänzchen.

Wir finden am Feldrande ferner die Ackerspurre (Holosteum umbellatum), eine kleine Verwandte der Nelken. Bei ihr führen die Blütenstiele während des Wachsthums auffallende Bewegungen aus, fast wie Eisenbahntelegraphen. Die blühenden weißen Blumen, die als Dolden auf der Spitze des gemeinschaftlichen Stengels stehen, sind während des Blühens senkrecht nach oben gerichtet. Sowie die Frucht sich allmählig entwickelt, spreizen die Blütenstiele seitwärts und neigen sich dann nach unten, so daß bei der völligen Fruchtreife alle senkrecht hinab gerichtet sind. Sie beschreiben also einen völligen Halbkreis.

Wir gehen einen Schritt weiter und treffen Vogelmiere und Kreuzkraut, zwei alte Freunde, die wir schon von unserm Garten her kennen und die des Kanarienvogels Leibgemüse abgeben.

Die Unkräuter des Feldes haben auch ihren Ehren- und Festtag, der fällt zu Johanni, Ende Juni. Da ziehen die Kinder in Scharen hinaus aufs Feld und pflücken am Rande der Felder die blühenden Blumen. Die Blumen des Gartens haben aber auch kein herrlicheres Blau aufzuweisen, als es die Kornblume (s. Fig. 5) und der Rittersporn (s. Fig. 6) besitzen, kein brennenderes Roth als der Klatschmohn (s. Fig. 3), keinen feurigern Purpur als das Erdnüßchen (Lathyrus tuberosus). Die Kornraden (s. Fig. 7) sehen auch ganz allerliebst aus. Aus dem Eichengebüsch werden Blattzweige gepflückt und aus Blumen, Blättern und Moos Guirlanden und Kränze gewunden. Am Johannistage früh hängt jedes Kind seinen Kranz oder seine Guirlande vors Fenster. Wald und Feld sind zur Stadt gewandert, und der Garten hat von blühenden Rosen, Lilien und Nelken auch sein gutes Theil mit geliefert.

Sind wir zu Johanni mit zur Feldfahrt ausgezogen, um Blumen zu sammeln, so werden wir außer den feurig blühenden Prachtblumen, die wir zu den Kränzen auswählen, auch noch mancherlei kleinere und weniger prahlende Pflänzchen treffen, die aber doch auch ganz hübsch sind. So steht dort der Venusspiegel, ein Verwandter der Glockenblumen, ein so niedliches Blümchen, daß es oft in den Garten aufgenommen worden ist. Wir finden den Ackergauchheil (Anagallis arvensis, s. Fig. 11), der ehedem großen Ruf genoß. Man hielt ihn für ein Mittel, den Wahnsinn zu heilen, und gab ihm deshalb den eigenthümlichen Namen. Der Landmann nennt ihn mitunter auch „Schäfers Wetterglas“. Er schließt nämlich seine zinnoberrothen Blüten bei trübem Himmel und Regenwetter und öffnet sie nur beim Sonnenschein.

Die Ackerwinde ist jetzt mit den zierlichsten Trichterblumen bedeckt. Sie sehen weiß aus und haben innen fünf rosenrothe Streifen. Die Sage erzählt: „Ein Fuhrmann fuhr einst mit einem schweren Fuder Rothwein am Felde vorbei und konnte auf dem schlechten, lehmigen Wege nicht mehr weiter. Anstatt zu fluchen, wie manche Fuhrleute es thun, rief er die Mutter Gottes um Beistand an. Sie erschien und half ihm aus dem Hohlwege heraus. Aus Dankbarkeit wollte er ihr von seinem Weine zu trinken geben, da er aber keinen Becher hatte, pflückte Marie eine Blume der Feldwinde und ließ sich darein einschenken. Von jenem Rothweine sind denn die rothen Streifen noch übrig geblieben, und die Winde hat in manchen Gegenden noch den Namen „Mutter Gottes Trinkgläschen“.

Trafen wir vorhin schon den Frauenspiegel (Specularia), so

finden wir jetzt auch noch den Kamm dazu, oder die Nadeln, eine Dolde nämlich, welche lange, nadelförmige Früchte trägt und deshalb Nadelkerbel genannt wird. Das Hellerkraut (s. Fig. 12) liefert den Kindern niedliche Geldstücke in seinen kreisrunden Fruchttäschchen, und die leuchtend rothen, innen schwarzen Blumen der Sommeradonis (s. Fig. 8) erscheinen als „Köhlchen im Feuer.“ Selbst der breitsparrige Ackerhederich (s. Fig. 2), den der Landmann trotz der gelben Blumen wenig leiden mag, gewährt uns Interesse, wenn wir hören, daß seine Samenkörner viele, viele Jahre im Boden liegen können, ohne die Keimkraft zu verlieren.

So ward in Böhmen vor Zeiten im Kriege ein Dorf zerstört und seine Felder bewuchsen mit Wald. Als man nun lange hernach mitten im Walde ein Stück Land wieder urbar machte, erschien der Hederich zu vielen Hunderten darauf, als ob er gesäet wäre, und man konnte es sich nicht anders erklären, als daß seine Samen seit jenen Zeiten im Boden gelegen hatten. Der kühle Wald gewährte ihnen nicht Wärme genug zum Keimen; erst als sie von dem vollen Sonnenstrahl zu neuem Leben geweckt wurden, sproßten sie wieder hervor.

Die Trespe (s. Fig. 10), welche unter dem Roggen sich gern ansiedelt, benimmt sich in ganz ähnlicher Weise. Ist das Wetter ungünstig, so können ihre Samen mehrere Jahre lang im Boden ruhig liegen bleiben, ohne zu keimen und ohne zu verderben. Kommt dann einmal ein günstiger Sommer, hinreichend feucht und hinreichend warm zur rechten Zeit, so schießen Trespen zu Tausenden auf dem Acker empor, auf dem der Landmann jahrelang keine bemerkt hat. Man war deshalb eine Zeit lang zu der wunderlichen Ansicht gekommen: die ausgesäeten Roggenkörner hätten sich in Trespen verwandelt, was eben so viel sagen will, als wenn Einer behauptet: aus den Hühnereiern wären Enten oder Fasanen ausgeschlüpft.

So könnten wir noch vielerlei Unkräuter des Getreidefeldes durchmustern, ihre Formen betrachten und von vielen auch noch mancherlei Besonderes uns vorführen: von dem grünen Algenfaden und dem kleinen Moos an, die den Boden gleich nach dem Abthauen des Schnees bedecken, bis zu dem hohen Rittersporn (s. Fig. 6), dessen junge Blütenknospen den Delphinen an Gestalt ähneln, welche der Kronprinz von Frankreich in seinem Wappen führte.

Doch lassen wir's für diesmal genug sein und tragen wir unsere Feldblumen nach Hause. Wir müssen ja doch noch etwas Zeit haben, um die Kränze und Guirlanden aus ihnen fertig zu flechten.

Feldblumen.

Fig. 1. Rapünzchen (Feldsalat). — Fig. 2. Ackerhederich. — Fig. 3. Klatschrose. — Fig. 4. Hohlzahn. — Fig. 5. Kornblume. — Fig. 6. Rittersporn. — Fig. 7. Kornraden. — Fig. 8. Sommeradonis. — Fig. 9. Schachtelhalm. — Fig. 10. Trespe. — Fig. 11. Ackergauchheil. — Fig. 12. Hellerkraut.

Entdeckungsreisen im Felde. Leipzig: Verlag von Otto Spamer.

4.

Feldmaus auf der Reise.

Das Mäuslein
Duckt sich und buckt sich,
Schmiegt sich und biegt sich,
Ringelt das Schwänzlein
Wie ein Kränzlein.

Güll.

Es war einmal eine Feldmaus, die hatte ihren Geburtstag im Monat April, gerade als die Kirschbäume in bester Blüte standen und die Staare anfingen zu Neste zu tragen. Sie war das erste Kind ihrer Eltern, und diese lebten im Ackerlande noch als junge Anfänger. Nicht weit vom Feldrain hatten sie auf dem Weizenfeld ihre Wohnung angelegt: ein Stübchen mit weichen Grashalmen ausgefüttert und vier Gänge hinauf zur Oberfläche der Erde, nach jeder Himmelsgegend hin einer.

Kurz danach kamen aber noch 6 Geschwister an, alle nackte und hülflose Dinger, die noch nicht einmal zu sehen vermochten, überhaupt nichts weiter konnten als ein wenig piepen. Sie wuchsen jedoch allesammt rasch heran, lernten bald laufen und sich in der Welt umschauen. So erhielt jedes auch einen hübschen Pelz, auf dem Rücken gelbbraun schattirt und am Bauche weiß. Nach ein paar Wochen wanderten alle sieben Mäuse gutes Muths aus dem Vaterhaus und versuchten ihr Fortkommen in der Welt auf eigene Faust. Jede grub sich eine eigene Wohnung im Ackerlande mit Schlupflöchern dazu und hielt auf einen kleinen Vorrath von Körnern, wie sie die Jahreszeit nun eben bot.

Es war damals noch gute Zeit für die Feldmäuse. Zwar wohnten ihrer schon mehrere Familien auf dem Acker, allein es gab für Alle hinreichend genug zu fressen: hier Samen und Blätter, dort Wurzelwerk oder ein Würmchen, mitunter auch wol einen Käfer oder sonst etwas Leckeres. Jedes Mäusepärchen konnte, wie gesagt, sogar ein Sparkästchen anlegen und Etwas beiseits thun für den Fall der Noth, denn Solches lieben die Mäuse, da sie das Hungern nicht lange vertragen können.

Dazu war das prächtigste Wetter von der Welt, warmer Sonnenschein und milde Luft. Nach 4 Wochen hatte das alte Mäusepaar abermals Kindtaufe, und so sechsmal in demselben Sommer. Ein berühmter Naturforscher hatte die Urgroßmutter „Feldmaus" getauft, und diesen Namen erhielten denn alle Nachkommen, obschon auch noch mancherlei andre Mäusearten mit ihnen das Feld bewohnten.

So hatte die Feldmaus, von der ich erzähle, am Ende des Sommers 40 Geschwister, alle kräftig und gut genährt, denn das Getreide war trefflich gerathen. Im Herbst bezogen sie mit einander den Getreideschober, welchen der Bauer auf dem Felde aufrichtete, weil seine Scheunen den Erntesegen nicht zu fassen vermochten. Dort saßen sie wie der Mann im Pfannenkuchenberge und schmausten, so viel sie vermochten. Mitunter machten sie auch wol einen Spaziergang aufs Feld, wenn ihnen die Zeit zu lang ward, und gruben durch den hohen Schnee Gänge nach der sprossenden Saat. So hatten sie grünes Gemüse zur Mehlspeise.

Im nächsten Frühjahr legte sich jedes Mäusepärchen seinen Bau an und richtete das Wohnzimmer zum Wochenstübchen ein, weich ausgefüttert und warm. Am Ende des zweiten Sommers hatte sich jede Familie wieder um 40 vermehrt, und es zählte die Verwandtschaft schon 840 Mitglieder; da bei den andern Familien auf dem Acker dasselbe der Fall gewesen war, so waren nach zwei günstigen Sommern 800mal mehr Mäuse auf dem Felde als vorher.

Da ging die schlimme Zeit für die Feldmäuse an! Der Landmann rief Ach und Weh, als er das Springen und Hüpfen der Thierchen sah! Was sollte aus seinem Getreide werden? was aus den Kartoffeln und Rüben? die reichten nicht aus für die zahllosen Gäste, was blieb dann für ihn und die Seinen, was für sein Vieh?

Feldmaus.

Mit einem großen Bohrer grub der Landmann in die Furchen des Feldes armtiefe Löcher, so weit als eine Handlänge und glatt an den Wänden. In diese stürzten viele Mäuse hinein und konnten nicht wieder heraus. Sie waren sonst wohlgeschickt im Löchergraben, aber keine dachte daran, sich auf diese Weise zu helfen. Sie sprangen wie Verzweifelte in ihren Gefängnissen in die Höhe, um herauszukommen, keine erreichte jedoch den Rand, und wenn sie nun todmüde am Boden des Loches lagen, fielen die andern, vom Hunger gequält, über sie her. Es entstand eine gräuliche Würgerei, so daß man das Piepen und Schreien weithin hörte. Die Schwächern wurden todt gebissen und von den Stärkern gefressen. Feldmäuse, Brandmäuse, Spitzmäuse und Zwergmäuse, Alles ging drüber und drunter!

Zwischen den Schlupflöchern der Wohnungen waren förmliche Wege ausgetreten, und am hellen Mittag hüpfte und huschte es auf dem Felde hin und her, als sei der ganze Acker lebendig. Hunde und Katzen konnten nicht fertig werden mit Mäusefangen und die Bußaare kamen von allen Seiten herbeigeflogen, um sich zu mästen. Sie brauchten nicht lange zu warten, bis sie Frühstück und Mittagsbrot fanden, die Braten liefen ihnen wie im Schlaraffenlande fast von selbst in den Schnabel.

Unsere Feldmaus hatte eben ihr letztes Körnchen verzehrt, das in ihrem Vorrathskämmerchen noch übrig geblieben war, jetzt hatte sie nichts mehr. Der Hunger trieb sie hinauf, obschon droben auch nichts mehr zu finden war. Jedes grüne Blättchen, jedes Keimchen war weggelesen, kein Samen mehr zwischen den Erdschollen zu finden. Da schnappte ein großer Bußaar dicht neben ihr eine liebe Verwandte weg und verschluckte sie, — es war eben die dreißigste, die er heute verzehrte. Vor Schreck wäre die Geängstete fast in die Fallgrube gestürzt, die dicht dabei war. Sie lief weiter, so schnell als die Beine sie tragen konnten, immer gerade aus; andere Gefreundte und Bekannte sahen sie laufen und meinten, sie möge wol eine wichtige Entdeckung gemacht haben, sie habe vielleicht ein neues Kartoffelfeld oder einen Getreidehaufen in der Ferne ausfindig gemacht, daß sie so eile. So liefen sie der Flüchtigen nach und waren bald zu Zehn bei einander. Bei jeder Ackerfurche kamen aber neue dazu, denn sie alle plagte der Hunger. Dann zählte die Schar schon Hundert, dann Tausend, dann Zehntausend, — ja wer mochte sie noch zählen! Das ganze Feld war in Aufruhr: die Feldmäuse wanderten aus, — wohin, das wußten sie selbst nicht!

Auf der Reise ging es ihnen trübselig genug. Viele wurden den Wieseln, Mardern und Füchsen zur Beute, andere den Falken, Sperbern und Eulen. Bei Tage hatten sie keine ruhige Stunde und bei Nacht auch nicht. Alles fiel über die wehrlosen, hungrigen Thiere her.

Ein Fluß versperrte den Weg; die Anführerin sprang keck hinein, das ganze Heer folgte, — sie schwammen dem jenseitigen Ufer zu. Manche aber, die schon zu matt waren, konnten der Strömung in der Mitte nicht widerstehen; sie sanken und wurden eine Beute der Fische. Die Hechte hatten seit lange nicht so viel zu schmausen gehabt, und die Enten dazu.

Diejenigen, welche drüben ankamen, setzten den Marsch fort, die Führerin immer voran. Durch die ungesunde Speise, welche die Auswanderer in der Noth verschlangen, und durch das kühle, feuchte Wetter, das eingetreten war, brach eine Krankheit unter dem Heere aus. Die Mäuse starben zu Hunderten, und die Todtengräberkäfer konnten nicht fertig werden, sie alle zu begraben. Nach wenig Tagen waren von den vielen Tausenden nur noch einige übrig, — eine Woche später lebte von allen Ausgewanderten blos die eine Feldmaus noch, von der ich erzähle.

Sie befand sich nun in fremdem Lande, in dem sie ihr Lebtag noch nicht gewesen. Es war zwar nur wenige Meilen von dem Acker weg, auf welchem die Feldmaus geboren ward und ihre Jugendzeit verlebte; für eine Maus ist dies aber eine sehr große Entfernung, fast so weit, als wenn ein Mensch von hier nach Amerika wandert.

Da schaute sie sich rings um, ob nicht irgendwo ein Plätzchen zu finden sei, an dem sie eine Zuflucht fände und sich wieder eine Wohnung einrichten könne.

Die Brandmaus (Mus agrarius).

Dicht am Waldrande, an dem sie Halt gemacht hatte, hörte sie piepen. Da lauschte sie aufmerksam, denn dies war ja die Mäusesprache. Sie sah vorsichtig zu und entdeckte ein Völkchen, das einem andern Mäusestamme angehörte. Es waren Brandmäuse, ihr zwar sehr ähnlich, aber durch einen dunklen Rückenstreifen von ihr unterschieden. Diese hatten eben eine Weizenähre am Boden gefunden und stritten sich um dieselbe; die eine zog hin, die andere her, und da keine nachgeben wollte, fuhren sie zornig auf einander los und versetzten sich tüchtige Bisse. „Gönnen sich die Schwarzrückigen unter einander nicht die paar Körnchen, von denen sie ja Ueberfluß haben," meinte die Feldmaus bei sich, „so werden sie den fremden Gast auch scheel genug ansehen." Sie traute ihnen nimmer viel Gutes zu und schlüpfte vorsichtig zum nahen Weizenfeld, dessen Aehren sich bräunten. Was war dies ein köstlicher Anblick für ein hungriges Mäuschen!

Sofort begann die Flüchtige zu schmausen; da ward es über ihr plötzlich lebendig. Schnell duckte sie sich unter ein Distelblatt und spähte hervor, was droben sei. Siehe, es war in den Wipfeln der Halme eine Kolonie von Zwergmäusen. Jedes Pärchen derselben hatte mehrere Halme mit zähen Grashalmen zusammengeflochten und ein künstliches, kugelrundes Nest daselbst aufgehangen. Dort waren eben die Jungen des letzten Wurfes im Begriff auszuschlüpfen. Die Alten feierten deshalb ein Fest und wollten dazu Braten haben statt Körner. Sie kletterten an den dünnen, glatten Halmen flink wie die Seiltänzer hinab und hinauf. Die einen schauten um, ob sie nicht einen Käfer finden könnten, die anderen spähten keck sogar nach einem Vögelchen, das etwa in einem Versteck eingeschlafen. Da ward es der Feldmaus unheimlich zu Muthe, trotz aller Verwandtschaft, in der sie zu den flinken Zwergmäusen stand. Diese waren zwar kleiner als sie selbst, aber auch desto flinker und durch ihre Anzahl im Vortheil. Fanden sie die Feldmaus unter dem Distelblatt, so würden sie den Fremdling überfallen und ihn erwürgt und verzehrt haben; frißt ja von ihnen doch eine die andere auf, wenn sie in derselben Falle zusammenstecken.

Die Erntezwergmaus.

Die Feldmaus empfahl sich also in aller Stille, stahl sich von den Zwergmäusen hinweg und trippelte der Mitte des Weizenfeldes zu. Hier logirte ein vornehmer Herr Vetter von ihr, der Hamster. Tief in der Erde hatte er ein großes Zimmer für sich eingerichtet, so geräumig, daß wol zwanzig Feldmäuse und mehr darin hätten Unterkommen finden können, ohne ihm selbst beschwerlich zu fallen. Ein Gang ging senkrecht in die Wohnung hinab. Diesen benutzte der Herr Hamster, wenn er von seinen Ausgängen heim kam. Er spielte den vornehmen Herrn hier im Weizenfeld und meinte: der Bauer habe das Korn und die Erbsen nur seinetwegen gesäet. Durch einen schräg aufsteigenden Weg kam er denn gemächlich heraufspaziert, setzte sich bedächtig auf die Hinterbeine, strich sich den Bart und schauete um, ob wol irgend ein fremder Gesell in sein Gehege gekommen. Dabei machte er ein so grimmiges Gesicht und knurrte so ärgerlich, daß die Feldmaus, die hinter einer Erdscholle versteckt lauschte, vor Schreck sich fast verrathen hätte. Nun trabte er fort und stopfte die Backentaschen voll Weizen, so viel sie fassen mochten, fuhr dann, wie ein Schornsteinfeger im Schlot, in seiner Fallröhre hinunter, und trug die Körner in die Vorrathskammer, die mit seinem Wohnzimmer durch einen besonderen Gang in Verbindung stand. Dort hatte er einen solchen Haufen Getreide und Erbsen zusammengeschleppt, daß ein starker Mann daran zu tragen gehabt hätte. Das war sein Vorrath für den Winter.

Der Hamster.

Während die Feldmaus noch unschlüssig dasaß und nicht wußte, sollte sie den reichen Herrn Vetter um eine Gabe von seinem Vorrath bitten und sich zum Winter bei ihm einquartieren — da kam er schon wieder zurück. Allein diesmal hatte er keine Körner, sondern schleppte ein Mäuschen, das er ertappt und das noch zappelte. Er verspeiste es ohne Barmherzigkeit, — warum war es in seinen Weizen gegangen! Da hatte die Feldmaus klaren Bescheid auf die Frage, die sie bei sich selber erwog, und schlich von der Wohnung des Hamsters noch stiller hinweg, als vorher von den Nestern der Zwergmäuse. Sie suchte sich ein abgelegenes Eckchen im Weizenfeld, in welchem sie bereits eine andere Feldmaus antraf, gerade so eine wie sie selbst war. Dort bauten beide ihre Wohnung und trugen für den Winter noch Vorrath ein. Sie verzichteten gerne darauf, die Hülfe ihrer Verwandten in Anspruch zu nehmen, und halfen durch ihren Fleiß sich zurecht, froh nach überstandenen Mühsalen den Rest ihrer Tage genießend.

5.

Kartoffeln.

Seht, dort sitzet Schar an Schar;
Seht, nun reicht er's ihnen dar.
Alle essen, alle haben
Satt von seinen reichen Gaben.

W. Hey.

Dicht am Thore der Stadt fängt das Kartoffelfeld an. Rings um den Ort ist lauter Kartoffelpark, ein Kranz von ausländischen Gewächsen, von „knolligem Nachtschatten“ — wie die gelehrten Leute sagen!

Begleite mich ein wenig auf einer Promenade durch die Kartoffelfelder! Wir machen einen Spaziergang wie die Badegäste auf der Insel Helgoland durch die „Kartoffelallee.“

Hier links, die Kartoffeln, sind echte Amerikaner; rechts, die Getreidearten, stammen aus dem fernen Asien, und unsere einheimischen Möhren und Pastinaken sitzen friedlich zwischen den Fremdlingen mitten inne. Sie vertragen sich alle! Sie besitzt eine sonderbare Natur, die Kartoffelpflanze, und hat mancherlei Erlebnisse gehabt, ehe sie zu unserm Liebling geworden ist. Ihre ganzen Verwandten sind schlimme Kunden; sie stammt aus der Familie der Nachtschatten oder Tollkräuter. Ihre Schwestern sind der giftige schwarze und bittersüße Nachtschatten, dann eine Menge scharfstachlige Arten. Ihre Vettern heißen Tollkirsche, Stechapfel, Bilsenkraut, Alraun u. s. w., Alles höchst verdächtige Gesellen, Mörder von Haus aus, Gewächse, welche einen Menschen wahnsinnig machen und ums Leben bringen können.

Auch die Kartoffel war anfänglich ein nichtsnutzes Ding, das auf den Gebirgen von Chile und Peru wild wuchs. Die wilde Kartoffel ist ein giftiges Wesen, wie der schwarze Nachtschatten, das Kraut übelriechend; selbst ein Vieh geht ungern daran, es zu fressen, allenfalls die Raupe des Todtenkopfschmetterlings. Die weißen Blüten haben keinen Geruch und die grünen Beeren sind vollends ein schauerliches Gericht. Man erzählt, daß ehemals Einer diese runden Dinger als Gemüse gekocht habe, da er sie für die nutzbaren Theile der Kartoffel gehalten. Sie mögen ihm noch schlechter bekommen sein als sie schmeckten. Sie wirken giftig. Aber auch die Knollen der wilden Kartoffel sind nicht viel nütze, klein, wässerig und bitter von Geschmack.

Der Kartoffel ergeht's wie einem Räuberkinde. Bleibt sie in den schlechten Verhältnissen, in welchen sie aufgewachsen, so wird nichts Gutes daraus. Soll sie besser werden, muß es ihr auch äußerlich besser gehen, sonst verkommt sie. Sie hat nicht Kraft genug, von selbst etwas Gutes hervorzubringen. Erst als sich der Mensch des kümmerlichen Gewächses annahm und ihr das Leben leichter machte, erst dann ward etwas Ordentliches, Genießbares daraus.

Man setzte die Kartoffeln in umgegrabenen, lockeren Boden und düngte denselben. So konnte sie nach allen Seiten hin rasch Wurzel treiben und reichlich Nahrung einziehen. Man häufelte die Erde rings um den Stock, damit die Pflanze vollauf Speise habe, und schaffte jede schlechte Gesellschaft, die sich etwa ansiedelte, alles Unkraut hinweg, daß es ihr nichts schade, — siehe, gleich ging es besser mit ihr! Sie fertigte nun ihre Knollen faustdick und größer und speicherte Mehl in ihnen auf. Alle Bitterkeit schwand. Seit man ihr das Leben süß machte, ward sie selber auch süß. Wer möchte die Knollen heutzutage noch tadeln, wenn sie lieblich duftend als leckeres Mahl auf dem Tische dampfen, oder als Suppe, Brei, Klöse, Pudding, Plinsen, Kuchen, gekocht oder geschmort, den Hungrigen anlachen!

Eine Zeit lang hatten die Kartoffeln immer noch Etwas von ihrer wilden Natur übrig behalten. Manche Sorten wurden zwar groß, waren aber wässerig, und ihr Geschmack erinnerte noch stark an ihre Heimat bei den rothen Indianern an südamerikanischer Westküste. Selbst Bauern und Tagelöhner, denen doch der Hunger manches geringe Gericht würzt, wollten nicht gern anbeißen und nannten die Knollen Schweinekartoffeln. Jetzt haben sich die meisten Knollen tadellos herausgebildet, sie sind in der Kultur weit fortgeschritten, und die Kartoffel, welche der arme Mann auf seinem Tische hat, kann sich auch ohne Schande auf des Königs Tafel sehen lassen.

Anfänglich wollte man in unserer Heimat auch nicht viel von dem verdächtigen Fremdling wissen. Erst nach und nach gewann man ihn lieb, und jetzt mögen ihn nur Wenige noch entbehren. Die Kartoffel hat die Reise um die ganze Welt gemacht und ist Jedermanns Freund geworden.

Vor ungefähr 300 Jahren (1586) hatten die Engländer einen kühnen Seehelden, Franz Drake, der sich im Kriege gegen die Spanier hervorthat. Er machte mit seinen Schiffen Fahrten nach den entferntesten Gegenden, und wo er eine feindliche Niederlassung traf, war er schnell mit Plündern dabei. So nahm er in Chile auch die Kartoffeln mit und brachte sie über das Meer. Die Engländer bekränzten den Mann mit Lorbeeren und überhäuften ihn mit hohen Ehren. Er ward Admiral und mit Orden geschmückt. Die blutigen Kämpfe und kecken Streiche, die er vollbracht hat, sind jetzt ziemlich vergessen, aber daß man ihm die Kartoffel verdankt, das weiß jedes Kind. Die Kartoffel ist sein Lorbeerkranz geworden, der alljährlich wieder von neuem blüht.

Kartoffelzweig.

Ehedem baute der Landmann nur Getreide auf seinem Acker. Führte ein Spätfrost oder anderes ungünstiges Wetter eine Mißernte herbei, so ward Schmalhans Küchenmeister und die Noth im Lande war groß. Viele suchten damals Brennnesseln vom Zaun zum Gemüse und Andere starben gar Hungers. Wenn jetzt das Getreide nicht gut geräth, hilft wenigstens die Kartoffel uns aus der Noth. Der Frost, welcher die Aehren droben tödtet, läßt die Knollen in der Erde unangefochten.

Viele Fürsten und Herren sahen den Vortheil recht gut ein, welchen der Kartoffelbau ihrem Lande bringen würde, und befahlen den Leuten, Kartoffeln zu pflanzen. Die Einen drohten den Bauern mit Strafen, wenn sie es nicht thäten, die Anderen verhießen Denen Belohnung, welche viele Kartoffeln erzeugen würden. In beiden Fällen gingen die Bauern nur sehr langsam daran. Diese waren verdrießlich, daß man von ihnen etwas Neues verlangte, denn sie ließen lieber Alles beim Alten; das waren sie einmal gewöhnt. Andere meinten: es sei so eine neue Grille von den vornehmen Herren, und hatten auch nicht viel Lust, die ausgeschriebenen Preise zu verdienen. In Deutschland brachte erst die Noth des Siebenjährigen Krieges Viele dazu, das fremde Gewächs anzupflanzen, und jetzt kann sich Mancher gar nicht mehr denken, wie man leben könne ohne Kartoffeln. Giebt's doch in manchen Gebirgsgegenden früh zum Kaffee Kartoffeln, Kartoffeln zum Frühstück, zu Mittag und zum Abendbrot wiederum. Es sind kaum hundert Jahre her, daß die Kartoffel allgemeiner ward, und schon ist sie unentbehrlich geworden.

Damals, als man die Kartoffel einzuführen versuchte, kam manche ergötzliche Geschichte vor; ich will dir nur eine davon erzählen.

In Frankreich lebte zu jener Zeit ein Mann, Namens Parmentier; der sah ein, von welcher Wichtigkeit der Anbau des amerikanischen Gewächses für das ganze Land sei. Sein König Ludwig XVI. stimmte ihm auch darin bei und unterstützte ihn gern bei seinen Bestrebungen, die neue Frucht allgemeiner zu verbreiten.

Parmentier ließ es sich viel Zeit, Mühe und Geld kosten, die Landleute zum Kartoffelbau zu bewegen. Er hielt öffentlich Reden und rühmte dabei die Tugenden der Kartoffeln. Er schrieb Bücher zum Lobe derselben und ließ sie im Lande verbreiten. Einige reiche Landbesitzer machten auch den Versuch und bepflanzten ein verlorenes Stückchen Land mit den Knollen. Man probirte die eingeernteten Kartoffeln zu essen. Da man sich aber einbildete, sie müßten schlecht schmecken, so machten selbst die Knechte und Mägde schiefe Gesichter und warfen sie lieber den Schweinen vor. In den nächsten Jahren mochten die Bauern die Kartoffeln zum Pflanzen nicht einmal geschenkt haben. Da verfiel Parmentier auf einen lustigen Einfall. Hatte er bereits so viel Geld daran gewendet, um den Kartoffelbau durchzusetzen, so scheute er auch einen letzten theuren Versuch nicht.

Er pachtete rings um Paris alle Ländereien, die er auftreiben konnte, und ließ sie durch seine eigenen Arbeiter mit Kartoffeln bepflanzen. Kein einziger Landwirth erhielt von ihm eine Knolle mehr. Als die Zeit der Ernte heran kam, stellte er Feldhüter an, bis an die Zähne bewaffnet, eine Flinte über dem Rücken, einen langen Spieß in der Hand und ein Schwert an der Seite. In allen Dörfern der Umgegend ward mit Trommelschlag öffentlich bekannt gemacht: „Niemand solle bei schwerer Strafe sich unterfangen, eine Kartoffelpflanze auf Parmentier's Feldern anzurühren, oder gar eine Knolle davon zu entwenden. Diese kostbaren amerikanischen Gewächse seien nur für die Tafel des Königs und für die vornehmsten Herrschaften bestimmt, nicht für gemeine Leute." — Die Feldhüter erhielten Befehl: den ganzen Tag über an den Feldern auf und ab zu gehen und scharf Acht zu haben. In der Nacht schliefen sie natürlich desto fester.

Jetzt wurden die Bauern neugierig und neidisch. Was der König für sich allein haben wollte, das müsse etwas besonders Feines und Leckeres sein. Es sei Unrecht, meinten sie, daß man ihnen so Etwas verbieten wolle; sie möchten auch gern etwas Gutes genießen, denn sie seien geborene Franzosen, Leute von gutem Geschmack.

In der Nacht schlich sich erst Einer heimlich ans Kartoffelfeld und spähte nach dem Hüter, riß dann mit kühnem Griff einige Kartoffelstauden heraus und eilte mit der kostbaren Beute nach Hause. Von diesem erfuhr es ein Zweiter und Dritter, und endlich versammelten sich bei nächtlicher Weile die Bauern zu ganzen Scharen. Die Einen bewaffneten sich mit Mistgabeln und Hacken, Andere mit Spaten und Schaufeln. Sie waren sogar auf einen Kampf mit den Feldhütern gefaßt. Die aber schnarchten ruhig in ihren Hütten. Man nahm Körbe und Säcke mit und hielt förmliche Kartoffelernte bei Mondschein oder bei der Laterne. Die Bauern schleppten ihre Beute im Triumph nach dem Dorfe, und wenn bei solcher Gelegenheit Der und Jener in den Graben stolperte, so machte er eine Heldenthat daraus, wie die Griechen, als sie das goldene Widderfell stahlen. Dann wurden Kartoffeln gekocht und nun schmauste man, dem König, Parmentier und den Feldhütern zum Trotz, königliche Kartoffeln. Eine hinreichende Menge bewahrte man auf um sie im nächsten Jahre selbst pflanzen zu können. Das dürfe ihnen doch, meinten sie, kein Mensch verbieten, denn auf ihrem Felde könnten sie bauen, was sie Lust hätten, Niemand dürfe ihnen darüber Vorschriften machen.

Die Feldhüter berichteten Parmentier des Morgens, wie übel es während der Nacht seinen Kartoffelfeldern ergangen sei, und der gute Mann weinte vor Freuden. So lange er die amerikanischen Knollen den Leuten aufnöthigen wollte, mochte kein Mensch sie haben; jetzt, als er es ihnen verbieten ließ, holten sie selbige sogar in der Nacht mit Gefahr eines Beinbruchs.

Von da an ward der Kartoffelbau im Lande allgemein, ohne daß ein König nöthig gehabt hätte, sich drum zu sorgen. Freilich ging man hie und da auch wieder zu weit und baute mehr Kartoffeln als Getreide, und das hat auch wieder sein Uebles. Geriethen dann einmal die Knollen nicht, so war man in demselben schlimmen Falle wie ehedem, als man nur Korn baute. Letzteres fand in den unlängst verflossenen Jahren mehreremal hintereinander Statt. Die Kartoffeln verdarben. Das Kraut erhielt schwarze Flecken, ward dürr und zerfiel zu Pulver und die Knollen wurden faulig und ungenießbar. Die gelehrten Leute stellten zahlreiche Untersuchungen über die Krankheit der Kartoffeln an und schrieben dicke Bücher darüber. Die Einen meinten: es sei eine ansteckende Seuche unter die Kartoffeln gekommen, wie unter den Menschen Cholera und Pest mitunter auftreten. Andere hatten die Ansicht: den Kartoffeln gefiele es nicht mehr in Europa, sie könnten es hier nicht mehr vertragen. Noch Andere beschuldigten eine Anzahl Schimmelpilze, die sich auf den kranken Blättern und Knollen fanden, als die Uebelthäter. Letztere Ansicht wird gegenwärtig als die richtige betrachtet. So ward viel hin und her darüber gestritten, ohne daß die Kartoffeln dadurch gesünder geworden wären. Die Kunde von der Krankheit der Kartoffeln drang durch alle Länder der Erde gleich einem Weherufe und selbst ein Fürst am fernen Kaukasus meinte damals: die Kartuffal müsse doch eine sehr berühmte Frau in Europa sein, da in allen Zeitungen von ihrer Krankheit die Rede sei.

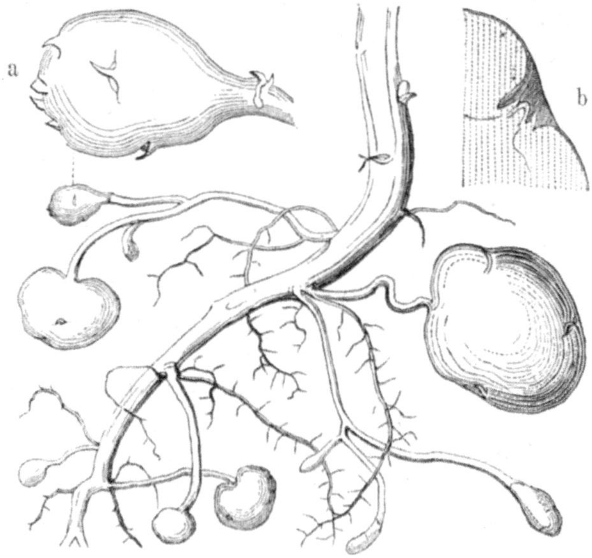

Ein Theil des unterirdischen Kartoffelstengels mit Zweigen, Knollen und Nebenwurzeln. a Eine junge Knolle vergrößert; b eine Knospe (Auge) derselben, stärker vergrößert.

Manche Leute machten schon Vorschläge, die Kartoffeln ganz abzuschaffen und andere Knollengewächse statt ihrer einzuführen, als sie zu ihrem Glück und zu allgemeiner Freude wieder gesund wurde und in den letzten Jahren wenig Ursache zum Tadel gegeben hat.

Du weißt, daß die Knollen der Kartoffel nicht die Früchte der Pflanze sind; was für Theile es aber sonst seien, darüber hat man auch Mancherlei hin und her disputirt. Lange Zeit sagte man: es sind knollige Wurzeln. Neuerdings betrachtet man sie als verdickte unterirdische Zweige. Man säete die Kartoffelbeeren und bemerkte, daß die keimenden Pflänzchen unter der Erde an dem Stengeltheil Zweige entwickelten und an diesen kleine Kartoffeln. An ganz jungen Kartoffeln wirst du winzige', schuppenförmige Blättchen in einer Schraubenlinie gestellt finden, gerade wie am oberen Stengel die Blätter auch stehen. In jedem Winkel eines solchen Blättchens entsteht eine Knospe zu einem Stengel, ein sogenanntes Auge

Im äußern Ansehen der Theile, welche über der Erde befindlich sind, hat die Kartoffelpflanze nichts vor ihren Vettern, den übrigen Nachtschattenarten, voraus. Ihre ungleich gefiederten Blätter sind düster gefärbt, dabei unangenehm riechend und rauh. Die fünfeckigen weißen oder lilarothen Blüten mit den 5 goldgelben Staubgefäßen und grünen Griffelspitzchen sind noch das Hübscheste an ihr, denn die Beeren mag nicht einmal ein Thier genießen. Die Kartoffel könnte also eben so gut als Sinnbild der Bescheidenheit dienen wie das Veilchen, sie hält ihre besten Eigenschaften unter der Erde verborgen und Niemand möchte dem Kraute es ansehen, was drunten für Schätze sind.

Es möchte eine lange Abhandlung werden, wollten wir uns alles Das aufzählen, was aus einer Kartoffel werden kann. Siehe einmal in das Kochbuch deiner Mutter und rechne die Speisen zusammen, bei denen Kartoffeln verwendet werden. Wenn der berühmte Gott des Alterthums Proteus sich in hundert verschiedene Gestalten umwandeln konnte, so kann solches die Kartoffel wenigstens in hundert und eine. Dazu wird Stärke aus ihr gemacht, aus dieser Stärkegummi und Stärkezucker, dann braut man Bier aus ihr oder destillirt Branntwein und Spiritus daraus. Wol Mancher mag meinen: er trinke ein Glas guten Wein und ist doch ein gutes Theil Kartoffeln dabei. Selbst mit den Palmen, den Königinnen des Pflanzenreichs, scheut die Kartoffel den Wettlauf nicht! Du zweifelst? Eben ist's Mittag, wir gehen nach Hause, dort wartet die Sagosuppe auf dich. Du genießest vielleicht das leckere, nahrhafte Mark der Sagopalme — wahrscheinlicher aber Sago aus Kartoffeln, der fast eben so gut ist. Wohl bekomme dir's!

6.

Die Lerche und ihre Feldgenossen.

Die Lerche in den Lüften schwebt
Und singt den Himmel an;
Vom grünen Feld sie sich erhebt
Und grüßt den Ackersmann.
Gar hoch thut sie sich schwingen,
Daß man's kaum sehen mag;
Dabei hört man sie singen,
Lobt Gott den ganzen Tag.

Aus „Des Knaben Wunderhorn."

Die Schatten der Nacht bedeckten das Feld; Ruhe und Schweigen lag auf der weiten Flur; kaum ein Blättchen des sprossenden Getreides schwankt im Zuge der kühlen Luft!

Da dämmert es allmählig im Osten; die Sonne sendet ihre ersten Strahlen zu den Wolken, die wie weiße Lämmchen droben am tiefblauen Himmel den Morgenstern als ihren Hirten umlagern.

Zwischen den dunklen Schollen des Ackers regt es sich: ein Lerchenpärchen hielt dort die Nachtruhe. Das Männchen hüpft auf einen Erdhügel; seinem Rufe antwortet das Weibchen. Sie sagen sich „Guten Morgen!“ und wünschen sich Glück zur Ankunft im Heimatlande, in dem sie die ersten Tage der Jugend verlebten.

Erst gestern kamen sie an; noch ist's Februar. Ende Oktober zogen sie fort mit den Gefährten nach milden Ländern, gen Mittag. Im Süden Deutschlands verlebten sie die unfreundlichste Zeit des düstern Winters, nur wenige von der Schar wagten sich über die Alpen nach den milden Gebieten des Mittelmeers. Noch ist kein Sänger des Waldes zurück; Nachtigal und Kukuk weilen noch fern — nur die Lerche kam wieder!

Die Feldlerche (Alauda arvensis).

Da sitzt sie auf der Scholle wie auf ihrem Wartthurme, schüttelt die Federn und putzt die staubigen Schwingen; jetzt breitet sie die niedlichen Flügel und steigt singend empor. In steiler Schraubenlinie flattert sie aufwärts höher und höher und immer höher, als suche sie die ersten Strahlen der Sonne. Droben in den Wölkchen scheint sie zu verschwinden, aber deutlich hörst du ihr Lied, das in bunten, lieblichen Strophen dir das Leben der Lerche: Feldluft und Feldfrieden, erzählt.

Mancher Reisegenoß des Pärchens kehrte nicht wieder, er fiel unter den Klauen des Sperbers oder im Netze des Vogelstellers; — es ist ja auch manch friedlicher Ackersmann währenddeß schlafen gegangen und ruht unter der braunen Scholle vom langen Tagewerk aus. Ueber seinem Acker schwebt die Lerche und singt von Lebenslust, Freude und Wonne. Ueber den Tod siegt das Leben; über die Trauer des Winters siegt die Freude des Frühlings; über die Schatten der Nacht, hoch über die dunklen Schollen der

Erde, steigt der ernst gestimmte Geist mit der singenden Lerche, von Hoffnung getragen, hinauf zum Licht!

Die Sonne geht auf! Ihre erwärmenden Strahlen zittern wie flüssiges Gold über die bethaueten Saaten und mahnen die Fluren an den nahenden Frühling. Der Lerchengesang ist sein Herold.

Jetzt endlich senkt sich der muntere Vogel wieder herab, zunächst langsam, dann schneller, und die letzte Strecke stürzt er senkrecht hernieder, wie in kühnem Uebermuth.

Das Lerchenpärchen hat Besitz ergriffen vom Weizenfeld, es ist sein Reich: wer darf es ihm wehren? Andere Pärchen mögen sich anderwärts umsehen, wo die Flur noch Raum für sie hat. Von droben herab schaut das Männchen auf sein Gebiet wie ein Sängerfürst; drunten beim Weibchen angelangt, ruht es ein wenig, dann werden beide zu Naturforschern und durchstreifen die Flur. Jede Scholle wird sorgsam gemustert, jedes Körnchen geprüft. Da liegt ein Samen vom Rübsen unbedeckt, dort ein solcher vom Feldmohn. Da schaut ein Würmchen neugierig hervor, dort sprossen saftige Keimblättchen, die vergangenen Herbst bereits trieben. Das giebt ein leckeres Frühstück; kein Fürst hat zahlreichere Gerichte auf seiner Tafel.

Mitten im Felde, weit ab vom Wege, dem Blick der lüsternen Katze und der Nase herumspürender Hunde verborgen, findet sich eine Vertiefung. Es ist der Fußtritt vom Söhnchen des Landmanns. Als der Vater im Herbst pflügte und eggte, nahm er den lustigen Schelm mit und ließ ihn auf dem kräftigen Rappen reiten, der die schwerrollende Walze zog. Dort hob er den Kleinen herab und sein Fuß sank tief in den lockeren Grund. Er dachte wol nicht, daß er dadurch der Lerche ein Sommerhäuschen bereitete, ein bequemes Plätzchen fürs Nest, für die Eier und Jungen. Dorthin tragen die munteren Vögel dürre Halme vom Feldrain, welke Grasblättchen des Wiesenrandes, Fasern vom Wege und verlorene Federn. Auch des Hasen Pelz muß manches Härchen mit liefern, das ihm bei dem Wechsel des Winterrockes ausfiel.

Die Tage sind länger geworden, die Sonne scheint wärmer, die Saat treibt höher. Frau Lerche sitzt auf den röthlich-weißen Eiern, die mit grauen Punkten und Strichen geziert sind, als seien sie aus buntem Marmor gearbeitet. Wieder einige Tage vergehen, da piepen im Nestchen die Jungen, und beide Alten haben vom frühen Morgen bis zum späten Abend vollauf zu thun, ihnen die hungrigen Schnäbel zu stopfen. Im Felde wird von ihnen dann große Jagd gehalten: sowie sich eine Fliege zur Erde setzt, schnapp! ist die Lerche dabei und erfaßt sie, — wo ein Würmchen sich sehen läßt, ist es verloren.

Im Sommer, wenn die wilden Blumen verblühen und die Aehren reifen, ist gute Zeit für die Vögel des Feldes. Ein umgeknickter Mohnstengel mit reifen Köpfen wird für die ausgeflogenen jungen Lerchen zum Festschmause; das Hirsefeld, dessen gelbe Rispen sich zu Boden neigen, ist ein wahres Schlaraffenland für sie. Dann brüten die Alten zum zweiten Mal, ja mitunter zum dritten Mal, so daß in einem Sommer die Familie sich um 10 bis 12 Schnäbel vermehrt und im Herbst also sechsmal mehr Lerchen vorhanden sind als im Frühling.

Die Wachtel (Coturnix dactylisonans).

Im Sommer ist Freudenzeit auch für die Kameraden der Lerche, für die anderen Feldvögel. Nicht weit vom Lerchennest wohnt die Wachtel, die erst im Mai wieder eintraf. Sie war schon Ende August vorigen Jahres auf Reisen gezogen, denn sie fürchtet die Kühle der Nacht außerordentlich. Trotz ihres Fettes ist sie sehr frostriger Natur, drum zog sie auch nicht blos nach Süddeutschland, wie die Lerche, sondern wanderte weiter. Ja, sie wagte es trotz ihrer kurzen Flügel und ihres plumpen Körpers, sogar über das weite Mittelmeer zu fliegen, hinüber nach Afrika. Dabei gingen freilich viele, viele Wachteln zu Grunde! Wo sich die Schar an der Küste oder auf einer Insel zum Ausruhen niederließ, todmüde vom langen Fluge, da fiel Alles über die Reisenden her, Thiere und Menschen. Bringt man doch in Neapel manchmal an einem einzigen Tage gegen 100,000 gefangene Wachteln zu Markte. Auf der Rückreise geht's den armen Vögeln nicht viel besser, obschon nicht ganz so schlimm, denn dann sind ihre Scharen schon nicht mehr so groß und die Thiere nicht mehr so schmackhaft.

Von den Vielen, die voriges Jahr fortgezogen, sind nur Wenige wiedergekommen und haben das Weizenfeld wieder aufgesucht, in welchem sie ehemals wohnten. „Wacktewack!“ ruft das Männchen und sein Weibchen antwortet ihm. Oft lockt es auch mehrere Weibchen herbei und lebt wie ein Sultan in seiner Familie. Kommt aber ein anderes Wachtelmännchen herzu, hu, was wird die alte Wachtel dann bös! Wie sträubt sie die Federn und geht zornig auf den Störenfried los, zaust ihn, schlägt mit den Flügeln und kratzt, daß der Staub auffliegt. Der Fremdling muß weichen. Mitunter wird' aber dem eifersüchtigen Vogel sein Zorn zum eigenen Verderben. Der Vogelsteller liegt im Versteck und ahmt mit der Wachtelpfeife den Lockruf genau nach. Wachtelmännchen läuft flink herbei — und sitzt gefangen im Garne.

Ein wenig weiterhin im Feld, da wo das Korn um den beras'ten Hügel wogt, hat ein Rebhuhnpaar seinen Haushalt eingerichtet. Mit dem Nestbau macht es auch nicht viel Umstände, so wenig wie die lustige Wachtel: eine flache Vertiefung in den Boden gescharrt, an warmer, trockener Stelle, die vor dem Winde geschützt ist, — dann einige Halme hineingelegt, kreuz und quer, wie's eben gehen will, — so ist das Sommerlogis fertig und das Kinderstübchen dazu. Die jungen Rebhühner sind aber auch keine Nesthocker, so wenig wie die jungen Wachteln. Kaum sind sie einige Stunden aus den Schalen gekrochen, so wird's ihnen schon zu enge im Stübchen: es sitzen ja auch ein Dutzend, mitunter sogar bis 20 Stück bei einander. Die Mutter ruft und die jungen Rebhühnchen versuchen die Beine. Sie spazieren mit der Mutter durchs Feld, immer zwischen den Halmen hin, und müssen lernen hübsch aufmerken, wo's was zu fressen giebt. Dicht am Feldrain haben die Ameisen sich eine Burg gebaut und verwahren darin ihre Puppen. Das alte Rebhuhn unternimmt einen Kriegszug, läuft Sturm gegen die Ameisenfestung, scharrt mit den Beinen die Wälle nieder und reißt mit dem Schnabel die Wohnungen der schwarzen Soldaten ein: die weißen Puppen liegen zu Tage und die ganze Schar der jungen Rebhühner fällt drüber her und hält Festessen. Das schwarze Volk der Ameisen muß schnell dabei sein, wenn es wenigstens einige seiner Puppen in Sicherheit bringen will.

Das Rebhuhn (Perdix cinerea).

Den kleinen Feldvögeln droht aber auch hunderterlei Todesgefahr und nicht jedes Rebhuhn wird groß, das anfänglich so lustig zwischen rothen Klatschrosen und blauen Kornblumen umherzog. Wiesel und Hermelin sind flinke Räuber und der Fuchs ist ein schlauer Gesell; dazu kommen noch die Weihen und Falken, Bußaare und Eulen und aus dem Dorfe die Katzen. Die Rebhuhnmutter hat den ganzen Tag über zu spähen, ob ihren Kleinen irgend eine Gefahr drohe.

Kinder kommen ans Aehrenfeld, sie wollen Kornblumen suchen zum Johanniskranz. Ehe das alte Rebhuhn es gemerkt hat, sind sie ihm ganz nahe gekommen, sie jubeln plötzlich laut auf, wie sie die kleinen, niedlichen Vögelchen sehen, strecken die Hände aus und wollen die Küchelchen fangen. In der Angst fährt die Rebhuhnmutter mit ausgebreiteten Flügeln den Kindern entgegen, als wolle sie schlagen und hacken, dann läuft sie langsam und hinkend auf dem breiten Wege weiter. Sie legt sich ganz auf die Seite und schleppt einen Flügel nach, gerade als sei sie schwer verwundet oder krank und könne nicht fort. Die Kinder vergessen die kleinen Rebhühner und achten nur auf das große, denn das ist, wie sie meinen, am leichtesten zu erhaschen. Weiter hat auch das schlaue Thier nichts gewünscht. Wie die Kinder ihm nahen, wackelt es langsam fort, immer weiter von den Jungen hinweg, dann läuft's etwas schneller und schaut dabei aufmerksam nach seinen Kleinen um. Diese sind wie eine Wolke nach allen Seiten aus einander gestoben. Eins hat sich zwischen zwei Erdstücken verkrochen, das zweite hinter einem Stein versteckt. Ein drittes kauert unter dem Grasbusch, das vierte unter dem Distelblatt — jetzt sind sie alle geborgen! Die Kinder wollen eben das alte Rebhuhn erfassen — da springt's auf und davon, schnell wie der Wind. Die Kinder stehen verblüfft mit offenen Händen und Augen. Der kleine Feldvogel hat die großen Menschen überlistet. Er ist durch die Halme geschlüpft, weit hinten im Felde erklingt sein leiser Lockruf; die Kinder überhören ihn, um so besser verstehen aber die jungen Rebhühner die Sprache ihrer Mutter, eilen dem Klange nach und sind wenig Minuten darauf wieder alle beisammen.

Noch vorsichtiger und schlauer als das Rebhuhn benimmt sich der Trappe, der König unter den Feldvögeln. Je größer das Thier, desto mehr ist es auf der offenen Flur auch durch das Schießgewehr des Menschen gefährdet. Die goldgelbe Ammer, der Feldsperling und die andern kleinen Bursche, welche die reifenden Aehren plündern, entziehen sich leicht dem tödlichen Geschoß; wenige Flügelschläge bringen sie nach dem beblätterten

Zweige des Busches in Sicherheit. Der Trappe dagegen ist ein großes, ansehnliches Thier, 1 Meter (3 1/2 Fuß) in der Länge und 2,6 Meter (8 Fuß) in der Flügelweite. Sein Gefieder ist zwar oben auch gelbbräunlich gefärbt, wie bei den meisten Vögeln des Feldes, nur untenhin ist es weiß; die stattliche Gestalt und der schlanke, gebogene Hals machen ihn aber weithin bemerklich. Da heißt es für ihn aufpassen und klug sein, besonders in der Zeit, in welcher die Felder kahl oder die Saaten noch niedrig sind.

Wo die Dörfer dicht bei einander liegen, die Felder nur klein sind, mit Buschwerk und Baumgruppen abwechselnd, in solchen Gegenden ist es dem Trappen unbehaglich zu Muthe, dort mag er nicht weilen. Er liebt weite Flächen mit offener Aussicht nach allen Seiten hin, so daß er schon aus weiter Ferne den nahenden Menschen bemerken kann. Er unterscheidet genau den Landmann vom Jäger, und es ist ein schwieriges Kunststück, den Trappen mit seinem Weibchen zu beschleichen. Mitunter verkleidet sich der Jäger wol als Bauernfrau und nimmt einen Korb auf den Rücken, oder er versteckt sich in einen Wagen mit Stroh, den er nach dem Weideplatze der Thiere fahren läßt. Kommt der Trappenherde etwas Verdächtiges nahe, so erhebt sie sich, mitunter 20 bis 100 Stück stark, steigt mit gewaltigen Flügelschlägen hoch in die Luft und ist binnen wenig Minuten weithin entflohen. Eben so flink sind die Trappen auf den Beinen, und der Jagdhund muß sehr schnell sein, wenn er den angeschossenen Vogel einholen will.

Der Trappe (Otus tarda).

Von früh 7 Uhr bis Mittag weidet die Trappenherde auf dem Saatfelde, am liebsten im Rübsen und Raps. Sie frißt Körner und Grünes, auch Insekten dazwischen, und füttert mit letzteren vorzugsweise die Jungen. Während der ersten Nachmittagsstunden ruht sie im Brachfeld und weidet dann abermals. Bricht der Abend herein, so zieht das ganze Volk nach dem Schlafplatz, mitunter 4 Stunden weit. Stets befindet sich derselbe an den abgelegensten Stellen. Aber selbst in der Nacht sind die vorsichtigen Thiere sehr auf ihrer Hut und einige der älteren scheinen stets Wache zu halten.

Geht der Sommer zu Ende, fallen die reifen Aehren unter der Sense des Schnitters und werden eingefahren, dann hat auch das lustige Leben der Feldvögel ein Ende.

Die Wachtel macht sich zuerst fort, manchmal schon Ende August. Im Oktober sammeln sich die Lerchen zu Tausenden. Sie durchsuchen dann in Scharen die Stoppelfelder und Rübenäcker und halten auf denselben gemeinsam ihr Nachtlager. Dann droht ihnen Verderben. Die Vogelfänger kommen in der Nacht zum Felde und streifen mit langen Netzen darüber hinweg. Durch raschelnde Strohhalme, die am Netz hängen, werden die schlafenden Lerchen aufgeweckt, fliegen empor und werden im Netze erwürgt. Zu Millionen tödtet man sie jährlich und Gutschmecker verspeisen sie als Leckerei.

Die Rebhühner haben sich, gleich nachdem ihre Jungen erwachsen sind, zu Völkern vereinigt. Ihnen droht der Hund des Jägers und die sichere Büchse. Im Winter quält sie der Hunger; Wachholderbeeren müssen ein wenig mit aushelfen, wo dergleichen zu finden sind. Ist aber die Schneedecke fest gefroren, so stirbt manch armes Feldhuhn aus Mangel an Nahrung. Selbst mancher Trappe unterliegt dann der Noth, wenn der harte Schnee die Rapsfelder und Saaten verdeckt. Treibt der eisige Sturm im Januar den Schnee vor sich her, zieht die wilde Jagd der Sage über das Feld, dann wird manches arme Vögelchen unter den Schneewehen begraben.

Schmilzt aber die Frühlingssonne die weiße Decke hinweg, sproßt die Saat wiederum, — so erscheint auch die lustige Lerche wieder und verkündigt mit fröhlichem Liede den trauten Genossen des Feldes das Nahen der guten Zeit. Dann ist alle Noth und alle Trübsal vergessen und munter und frisch geht es dem Wonnemonat entgegen.

7.

Das Rübsenfeld.

Im Felde wächst es mit Gewalt,
Darüber jauchzet Jung und Alt
Und rühmt die große Güte
Deß, der so überflüssig labt
Und mit so manchem Gut begabt
Das menschliche Gemüthe.

P. Gerhard.

Wer kennt nicht das Märchen von Rübezahl und seinen Rüben? Er gab der geraubten Prinzessin einen ganzen Korb voll, dazu seinen Zauberstab, und sagte ihr: sie könne aus den runden Dingern Alles machen, was sie nur wolle. So fertigte das arme Mädchen sich anfänglich Gespielinnen daraus, später aber ein schnelles Roß, auf dem sie wieder in ihre Heimat entfloh.

Es möchte fast scheinen, als hätten Landmann und Gärtner dem Geisterfürsten des Riesengebirges seine Tausendkünste abgelernt, nur daß sie Hacken und Spaten als Zauberstäbe gebrauchen; machen sie doch aus den Rübenpflanzen alles Mögliche, wenn auch nicht gerade Reitpferde, wenigstens nicht so unmittelbar.

Die Samenkörner des Rübsen kennst du ja längst; hast du sie doch tagtäglich deinem Kanarienvogel ins Futternäpfchen gethan. Es sind unansehnlich kleine, braungraue Kügelchen, so groß wie ein Stecknadelkopf, inwendig mit zwei gelben Keimblättchen versehen, zwischen denen der winzige Keim liegt. Hat der muntere Vogel beim Fressen vielleicht einige der Körnchen herausspringen lassen, hinunter in den Blumentopf, so siehst du nach wenig Tagen die jungen Rübsenpflanzen hervorsprießen. Zwei rundliche grüne Keimblättchen stehen auf einem dünnen, wasserhellen Stiel und tragen das kleine Stengelspitzchen zwischen sich; sie sind noch so weich und zart, daß unser Vögelchen sie mit großem Behagen verspeist, wenn wir sie ihm reichen.

Was soll aus dem Rübsamen werden? Der Landmann kann Sommerrübsen, Winterrübsen oder weiße Rüben daraus machen, ganz nachdem er ihn behandelt. Sollen es Rüben werden, so müssen die Pflänzchen einzeln gepflanzt und mehrmals behackt werden. Will man nur Sommerrübsen haben, so säet man im Frühjahr und erntet die Samen bereits in demselben Sommer. Winterrübsen säet man im Herbst und holt die reifen Früchte nächstes Jahr ein. Die Verwandten des Rübsen benehmen sich in ganz ähnlicher Weise. Wenn sie in Blüte stehen, sehen sie demselben gewöhnlich so ähnlich wie ein Bruder dem andern. Vom Raps giebt's ebenfalls Sommer- und Winterraps, dazu Steckrüben oder sogenannten „Kohlrabi unter der Erde.“ Noch viel zahlreichere Gestalten nimmt der Kohl an. Sind seine Blätter gekräuselt, so bildet er Krauskohl, glatt geben sie Blattkohl; dabei sehen sie entweder grün oder röthlich aus und gelten dann als Grünkohl oder Braunkohl. Bilden die Blätter am Ende des Stengels einen lockeren Kopf und sind dabei etwas runzelig, so bezeichnet man sie als Wirsing oder Savoyerkohl. Sind dagegen die Blätter glatt und schließen sich zu einem festen Kopfe dicht aneinander, dann giebt es Kopfkohl (Kabus), der entweder Weißkohl oder Rothkohl sein kann, je nach der Farbe. Manchmal verwendet aber die Kohlpflanze ihren Saft nicht darauf, um die Blätter in möglichster Ueppigkeit auszubilden, sondern sie lagert ihre Reichthümer im untern Theile des Stengels ab. Dann schwillt dieser auf und giebt Kohlrabi. In noch andern Fällen verwandelt der Kohl seine Blüten und Blütenstände zu einer weißen, weichen, sonderbaren Masse, die fast wie Zuckerbäckerarbeit aussieht. Das ist dann der Blumenkohl oder Spargelkohl. Jedoch sind dies nur die allerwichtigsten Formen der Kohl- und Rübenpflanzen; würdest du etwa bei einem Kunstgärtner nachfragen, so würde dir dieser lange Register von hunderterlei Spielarten vorlegen, die er zu ziehen versteht.

Dazu kommt nun noch, daß jede der verschiedenen Sorten in ihrer Entwicklung zahlreiche verschiedene Formen annimmt. Wir wollen nur beim Winterrübsen die wichtigsten Veränderungen der Gestalt etwas näher anschauen.

Nicht lange danach, wenn der Landmann im Herbst den Rübsamen gesäet hat, kommen aus jedem Korn die zwei Keimblättchen zum Vorschein, gerade so, wie wir es im Blumentopf neben dem Vogelbauer öfters betrachteten. Einige Tage später sprießen aus der Mitte des Keimpflänzchens Laubblätter ganz anderer Gestaltung hervor. Sie entwickeln Blattstiele, werden ziemlich lang und zeigen sich tief fiederspaltig zertheilt. Dabei sind sie etwas rauh durch feine Härchen, die darauf stehen, und grasgrün von Farbe. Diese Blätter nennt man wol auch die Wurzelblätter, nicht etwa weil sie aus der Wurzel kommen (sie stehen ja, wie alle Blätter, am Stengel), sondern weil sie der Wurzel nahe sind. Sie sind das Winterkleid der Rübsenpflanze und bilden eine frischgrüne Blattrosette, die in ihrer Mitte den Anfang zum künftigen Blütenstengel als kleines Spitzchen, das Herzblättchen, birgt.

Blüten- und Fruchtzweig vom Rübsen, a ein Blütenblatt, b die sechs Staubgefäße, c eine reife Schote, d dieselbe geöffnet.

Ein solches Rübsenfeld ist während des Winters eine wahre Wohlthat für zahllose Thiere. Schon im Herbst nimmt die Lerche noch einen Schnabel voll vom jungen Rübsen, ehe sie auf die Reise geht, und mitten im Feld oder wenigstens in seiner Nähe schlagen die Hasen ihr Nachtquartier auf, junge und alte. Sie haben hier offene Tafel und verzehren Frühstück, Mittag- und Abendbrot mit einander von demselben Gericht. Kommt der Jäger herzu, so drücken sie sich zwischen die Blätter zur Erde, und wenn er nicht einen guten Spürhund bei sich hat, so übersieht er sie leicht.

Auch die Rebhühner stellen sich ein und stillen während des Winters auf dem Rübsenfeld ihren Hunger. Für die Trappenherde wird ein solcher Acker zu einem Festsaal. Sie hält dort wie große Herrschaften Schmaus und Tanz, wenn auch ohne Musik.

Die meisten dieser Näscher begnügen sich mit größern Blättern und schaden dann dem Felde auch nicht viel, denn jene Blätter frieren ja ohnehin häufig ab. Nur die Herzblättchen inwendig dürfen sie nicht verletzen, sonst ist's um die Pflanze geschehen.

Während des ganzen Winters ruhet die Rübsenpflanze; kaum wird aber das Wetter im ersten Frühjahr etwas milder, so beginnt sie auch von Neuem zu wachsen. Dann kommen die Kinder des Landmannes mit Messern und Körbchen herzu, und wo die Pflanzen gar zu dicht stehen, stechen sie eine Anzahl derselben ab und die Mutter daheim macht Rübsensalat daraus.

Hat der Rübsenstengel einmal mit Wachsen begonnen, dann geht's rasch in die Höhe. Wie Knaben, die an einer Kletterstange emporklimmen, sitzt Blatt nach Blatt an ihm, fast jedes ist etwas anders gestaltet als sein Nachbar. Die unteren sind noch kurz gestielt und leierförmig ausgerandet; die oberen entbehren den Blattstiel, umfassen den Stengel mit herzförmigem Blattgrund und werden graugrün. Ihr Rand bleibt unzertheilt. Jedes Rübsenblatt ist Teller und Gemüse zugleich. Sowie sie sich mehren, werden auch die Gäste zahlreicher, die sich zu Tische laden. Da kommen die grünen und streifigen Raupen der Kohlweißlinge, die bunten Erdflohkäfer und die schwarzen Larven der Blattwespen; außerdem noch Rüsselkäfer, Grillen und Blattläuse.

Ehe noch das Getreide beginnt Halme zu treiben, hat der Rübsen den Stengel schon fertig und oben die Blütentrauben entfaltet. Seine untersten Blumen fangen zuerst an zu blühen, die obersten zuletzt. Das ganze Feld leuchtet dann auf weite Entfernungen im köstlichsten Goldgelb, und es sieht aus, als hätte die Flur großes Fest und deshalb herrliche Teppiche ausgebreitet, um den König des Frühlings zu empfangen.

Betrachtest du die Blüten des Rübsen etwas näher, so meinst du wol, das Pflänzchen habe wollen rechnen lernen und sich mit Zusammenzählen und dem Einmaleins versuchen. Am Stengel steht jedes Blatt einzeln, sowie aber der Blütenkelch gebildet werden soll, kommen zwei Kelchblätter und dann noch einmal zwei, dies macht vier. Blumenblätter sind ebenfalls zweimal zwei vorhanden, jedes mit einem längern, stielähnlichen Theile versehen, den man den Nagel nennt. Weiter nach innen folgen zwei kleinere Staubgefäße, dann zweimal zwei größere, zusammen also dreimal zwei oder sechs. Die Pflanzenforscher sagen auch wol zum Scherz: die 4 großen sind die Herren und die zwei kleinen ihre Diener. Die ganze Blume nennen sie wegen der 4 Blumenblätter eine Kreuzblume. Weiter als bis zur 6 bringt es das Pflänzchen aber im Einmaleins nicht, denn es ist nur ein einziger

Stempel in der Mitte jeder Blüte vorhanden, auch trägt derselbe auf seiner Spitze nur einen Staubweg mit einer kurzen Narbe.

Während des Blühens bilden die Rübsenblumen oben einen fast wagerecht ausgebreiteten Schirm und die geöffneten Blüten ragen über die Knospen etwas hervor. Dadurch sind sie leicht vom blühenden Raps zu unterscheiden, bei welchem die Knospen etwas höher stehen als die geöffneten Blüten.

Am Grunde des Stempels sind Honigdrüsen, die reichlich süßen, duftenden Saft ausschwitzen. Das blühende Rübsenfeld verbreitet seinen Honiggeruch über die ganze Flur hin, und stundenweit kommen die fleißigen Bienen und andere geflügelte kleine Leckermäuler herbei, um zu schmausen. Manches köstliche Honigstück, das du verzehrst, ist vom Rübsenfelde durch die summenden Thierchen gesammelt worden.

Haben die Rübsenblumen verblüht, so reifen die Früchte. Aus dem Stempel jeder Blüte wird eine Schote. Diese besteht aus zwei Schalenstücken und mitten inne ist eine dünne, häutige Scheidewand. An beiden Seiten der letzteren liegen die Samen.

So lange die Schoten noch grün und die Samen noch weich sind, finden sich auch noch Liebhaber für sie. Der **Rübsaatpfeifer** (Pyralis margaritalis), eine kleine gelbe Mottenart, versorgt dort sein Räupchen; die spinnen sich rings um die jungen Schoten an und fressen Löcher in dieselben, um die saftigen Samen verzehren zu können. Die Schoten sehen dann aus wie Flöten mit Löchern, und daher erhielt das Thier seinen Namen: der Pfeifer. Besonderen Schaden richten die Raupen aber selten an, denn sie sind nur in kleinen Zahlen vorhanden; mehr schaden die Erdflohkäfer den Pflanzen, so lange diese noch jung sind.

Sobald die Rübsenschoten braun und ihre Samenkörner reif sind, beginnt die Ernte. Da die Körner leicht ausfallen, drischt sie der Landmann entweder gleich auf dem Felde aus, oder er belegt den Erntewagen mit großen Tüchern, um so wenig als möglich zu verlieren. Trotzdem bleiben immer noch genug auf dem Ackerlande für die Lerchen und andere Feldvögel, die dann alle Tage Festtag haben und dick und fett dabei werden.

Der ausgedroschene Rübsen wird gereinigt, die Spreu giebt noch Futter fürs Vieh, die Körner wandern zur Oelmühle, werden zerstampft oder zerquetscht und dann ausgepreßt. Das gewonnene Rüböl wird nachmals gereinigt. Wo wäre im weiten Lande jetzt noch ein Häuschen, in welchem nicht am langen Winterabend ein Oellämpchen das Zimmer traulich erhellte! Wegen ihres Reichthums an Oel werden der Rübsen und seine Verwandten in dem größten Theil derjenigen Länder angebaut, die ein ähnliches Klima haben wie unsere Heimat. Lange Jahre war es vorzugsweise das Rüböl, welches die Lampe speiste; seit man die wohlfeileren Erdöle (Petroleum, Solaröl) dazu verwendet, wandert das Rüböl zum Seifensieder und wird zur Seife verarbeitet.

Außer den Kohl- und Krautarten, außer den Oelfrüchten, baut der Landmann auf dem Felde eine reiche Menge nutzbarer Kräuter zu verschiedenen Zwecken. So säet er Kleearten, Esparsette, Luzerne, Wicken, Spark u. s. w. als Futter fürs Vieh, Flachs und Hanf wegen ihrer herrlichen Fasern, die man zu Garn verspinnt; hie und da baut er auch Kräuter zum Färben: Krapp zum Rothfärben und Waid zum Blaufärben. Wau und Scharte färben gelb. Die Kardendisteln müssen dem Tuchmacher ihre Köpfe geben zum Aufkratzen des Tuches. Bohnen verschiedener Art, Erbsen, Gurken, Linsen u. s. w., sind für die Küche bestimmt. Kümmel, Fenchel, Dill, Meerrettig liefern Gewürze; das Süßholz (in Süddeutschland) liefert Lakritzen. Kamillen, Lavendel, Arnika u. dgl. werden stellenweise gebaut, um als Arzneien und Wohlgeruchsmittel zu dienen. Keines der anderen Pflanzengeschlechter, die ihres Nutzens wegen gepflegt werden, ist aber so vielgestaltig und gleichzeitig einer so vielfältigen Verwendung fähig wie die Rübe und ihre Verwandten: Raps, Rübsen und Kohl. Sie verlangen zwar einen guten und sorgsam bearbeiteten Boden, dann aber lohnt ihr Anbau auch dem Landmann die Mühe, und gute Ernten an Oelfrüchten liefern ihm für die Früchte der goldenen Blumen auch goldene Einnahmen, so daß möglichenfalls aus der Rübsaat ihm auch, wie aus Rübezahl's Rüben, zuletzt ein Reitpferd entstehen kann.

Pfeifer im Rübsen.

8.

Lampe, der Hase.

Dert am Rain im hohen Gras
Gravitätisch sitzt der Has',
Wichst den Bart und spitzt das Ohr,
Duckt sich nieder, guckt hervor.

Güll.

Bist du schon einmal am Spätabend auf dem Wege zwischen dem Felde und dem Waldrande entlang gegangen? Vor alten Zeiten würde ein solcher Spazierweg freilich ein Unternehmen auf Tod und Leben gewesen sein, heutzutage kann einen dergleichen Ausgang ein kleines Kind ohne die geringste Gefahr ausführen.

In früheren Jahrhunderten kamen Abends die Wölfe aus dem Dickicht hervor und streiften ins Feld, dazu war's auch wegen der Wildkatzen und Bären nicht geheuer. Als die wilden Thiere noch Herren im Lande waren, kamen auch Auerochsen und Wildschweine zur Nachtzeit heraus ins Freie, und die Hirsche und Elenthiere hielten auf dem grünen Plan ihre Zweikämpfe. Das waren Alles gewaltige Helden, die Einen mit großen Hörnern, die Anderen mit scharfen Zähnen und Krallen, dazu trotzig und frech, wie seiner Zeit Riese Goliath oder Ritter Blaubart.

Sie Alle sind aber längst aus unserm Vaterlande verschwunden, der Jäger hat mit ihnen gekämpft und sie erlegt. Selbst Hirsche und Rehe sind in solchen Gegenden zu Seltenheiten geworden, wo die Waldungen gelichtet wurden, — nur einer jener Urbewohner des Landes hat sich noch allenthalben erhalten, trotz tausendfacher Verfolgungen, trotz alljährlicher Kämpfe und trotz aller Noth. Es ist Lampe, der Hase, wie ihn das alte Thiermärchen nennt, der furchtsame, schüchterne Gesell, welcher von Jedem gejagt wird, der ihm begegnet, und der doch Jedem schließlich ein Schnippchen schlägt und Jahr aus, Jahr ein in ganzen Scharen vorhanden ist.

Die Dichter besingen zwar den Muth des zottigen Bären, der dem Spieße des Jägers unerschrocken entgegengeht und sich hoch aufrichtet, um den Weidmann zu erdrücken. Sie rühmen den Grimm des Wildschweines, das mit weißen Hauern der ganzen Hundemeute droht, — allein der Hase ist durch seine Art und Weise doch viel weiter in der Welt gekommen, als die grimmigen Helden des Waldes und Feldes alle zusammen. Sein Muth hat länger ausgehalten als jener der streitbaren Recken. Oder meinst du etwa nicht, daß eine ganz ungewöhnliche Menge Muth dazu gehört, Jahr aus, Jahr ein mit allen möglichen Waffen angegriffen und von allen möglichen Feinden verfolgt zu werden und doch das Feld zu behaupten? Gilt es nicht bei allen Völkern als Regel: „Wer das Feld behält, ist der Sieger?“

Wenn du am stillen Abend so an den Feldern entlang gehst, dann wirst du den schlauen Burschen aus seinem Verstecke hervorkommen sehen. Bleibst du dann ruhig stehen, so kannst du ihn in seinem Thun und Treiben belauschen.

Der erste Feind, gegen den sich der Hase zu wehren hat, ist Wetter und Wind. Wenn die Kriegsleute einmal ein paar Tage im freien Felde zu liegen haben, o was ist das für ein Lamento! Gleich hat der eine Held Schnupfen bekommen, der zweite Zahnweh, der dritte Rheumatismus in den Gliedern. Selbst der Feldherr kann's nicht lange vertragen. Wie geht's aber dem Hasen? Das ganze liebe Jahr hindurch hat er unter freiem Himmel zu biwachten, hat weder ein Zelt, wie das Eichhorn, noch kann er sich Höhlen und Schlupflöcher graben, wie sein glücklicherer Vetter, das Kaninchen. Könnte der Hase singen, so würde der alte Reim wol sein Leiblied werden: „Im Winter muß man große Kälte ausstah'n, und im Sommer da ist's eine grausige Hitz'!“

Ja, im Winter ist der arme Lampe schlimm genug daran, und es bleibt ihm manchmal weiter nichts übrig, als sich wie ein Eskimo in den Schnee einzuwühlen. Wenn's irgend gehen will, sucht er in der kalten Jahreszeit ein Plätzchen, an welchem die Sonne möglichst warm scheint und der kalte Wind ihn nicht trifft. Im Frühjahr verliert er zwar den dichteren Winterpelz und erhält das leichtere, braunere Sommerkleid; der Pelzrock wird ihm in den Hundstagen aber doch noch heiß genug, so daß der Hase nach Kühlung verlangt. Dann scharrt er sich eine Vertiefung an einem Nordabhange, so daß er's möglichst kühl im Sommerlogis hat.

Trotz aller Noth und Mühe, trotz aller Witterungsbeschwerden denkt Freund Lampe doch schon zeitig im Jahre an seine Familie. Ehe noch ein Singvogel zurückgekehrt ist und ehe noch irgend ein Mensch an den Frühling denkt, paaren sich die Feldhasen, manchmal bereits im Januar.

Eine Häsin vertheidigt ihre Jungen.

Einen Monat nachher sucht die Häsin ein abgelegenes, ruhiges Plätzchen, kratzt eine flache Mulde ins Ackerland und trägt einige dürre Halme, etwas Laub und Moos zusammen, nimmt auch wol vom eigenen Pelze etwas Wolle dazu. So baut sie eine Art Nest; Eier legt sie freilich nicht in dasselbe, wie man aus Scherz zur Osterzeit wol zu sagen pflegt, sondern bekommt lebendige junge Häschen, eins bis vier an der Zahl.

Das Lagerplätzchen mit den Jungen versteckt die Häsin sogar vor dem eigenen Vater, denn wenn der alte Herr gerade bei übler Laune ist und ihm ein junges Häschen in den Weg kommt, so ertheilt er ihm Ohrfeigen und Bisse, mehr als für das kleine Ding gut sind. Sein Lager sucht überhaupt jeder Hase so sorgsam als möglich zu verbergen. Nie läuft er geradeswegs in dasselbe, wie etwa der Fuchs in seine Höhle, sondern macht in der Nähe desselben erst einige Kreuz- und Quersprünge und zuletzt einen gewaltigen Satz nach dem Ruheplätzchen.

Die jungen Häschen können gleich sehen, sowie sie zur Welt kommen, und machen auch die Augen zeitlebens nicht völlig zu, selbst nicht beim Schlafen. Das ist auch eine Kunst, die nicht leicht ein Anderer dem Hasen nachthut; er müßte denn etwa auch zu kurze Augenlider haben wie der Hase, die nicht zureichen, den Augapfel zu decken. Drei Wochen lang werden die jungen Thierchen von ihrer Mutter gesäugt und gepflegt und begleiten sie bei ihren Ausgängen. Währenddeß spricht die Häsin mit ihnen durch eine ganz absonderliche Sprache. Hühner und Gänse rufen ihre Jungen durch besondere Locktöne, und diejenigen vierfüßigen Thiere, welche ihre Kleinen ausführen, lassen dann auch bestimmte Rufe hören, — die Häsin hütet sich aber wohl, auf dem Felde viel Lärm zu machen — sie hat sich eine besondere Sprache erfunden, denn sie giebt ihren Kleinen Zeichen mit den Ohren. Sollen z. B. die Jungen herbeikommen, so klappt sie die Ohren zusammen; sie spricht die Ohrensprache, oder, wie die Jäger sagen würden: die Löffelsprache. Die jungen Häschen sind aber auch sehr artige Dinger, von denen selbst ein Menschenkind etwas lernen könnte. Sie folgen ihrer Mutter schon, wenn diese nur mit den Ohren wackelt.

Nach drei Wochen naschen die Jungen bereits mit vom Klee und vom Kohl und müssen dann sehen, wie sie sich auf eigene Faust weiter forthelfen. In demselben Jahre bekommt die alte Häsin aber noch 2- oder 3mal Junge, so daß sie in einem einzigen Jahre deren 12 bis 16 erhalten kann; ja die im Frühjahr geborenen Kleinen sollen schon nach einem halben Jahre selbst Junge erhalten. So würde die Häsin in demselben Jahre gar Großmutter Würde einige Jahre hindurch kein junger oder alter Hase getödtet, so würden von einem einzigen Pärchen, das auf dem Felde sich niedergelassen, im ersten Jahre etwa 16 Junge oder 8 Paare abstammen, im zweiten Jahre fast anderthalbhundert, im dritten schon über tausend und im vierten gar zehntausend. Dann wären mehr Hasen als Kohlköpfe da und sie könnten sich gegenseitig verspeisen. Daher kommt's auch, daß in manchen Gegenden die Jäger bei einer einzigen Jagd mehr als tausend Hasen erlegen und doch im nächsten Jahre immer noch zahlreiche genug da sind.

Liegt der Hase am Tage ruhig in seinem Lager und pflegt sich wie ein italienischer Lazzaroni, so ist er durch die braune Farbe seines Pelzes vortrefflich geschützt. Es muß Jemand schon scharfe Augen haben, ehe er ihn bemerkt. Das scheint Freund Lampe auch wohl zu wissen, denn er bleibt gewöhnlich unbeweglich liegen, wenn ihm ein Mensch naht, drückt sich dicht an den Boden und beobachtet ganz im Stillen jede Bewegung des unwillkommenen Besuchers. Nur erst, wenn ihm der Feind zu dicht auf den Leib rückt und einen bedrohlichen Angriff zu machen scheint, fährt er mit einem Satze empor und davon.

Hört der Hase von fern den Lärm der nahenden Jagd: Schießen und Hundegebell, so setzt er sich auf den Hinterbeinen hoch aufrecht. Er macht ein Männchen und lauscht aufmerksam nach dem Geräusch, ob es bedrohlich ist und etwa näher kommt. Er hat schon früher eine Jagd erlebt und weiß, daß dabei nicht viel zu spaßen ist und auch das Liegenbleiben ihm gegen die Spürnasen der Hunde nichts nützt. Sofort beschließt er als kluger Feldherr den Rückzug vor dem übermächtigen Feinde, legt die Ohren dicht auf den Rücken und nimmt Reißaus, am liebsten die Anhöhen hinan. Bergauf geht's mit dem Laufen bei ihm viel besser als abwärts, da seine Vorderbeine viel kürzer sind als die Hinterläufe. Muß er den Berg hinunter, so schießt er manchen Purzelbaum dabei.

Die Hunde sind schnell hinter ihm her. Nicht selten schleichen sich ja auch die Jagdhunde vom Försterhause heimlich hinweg und stellen eine Hasenjagd auf eigene Rechnung an. Die Beute verspeisen sie dann freilich sofort, obschon sie wissen, daß ihnen des Jägers Peitsche den Schmaus versalzt, wenn er dahinter kommt.

Merkt der Hase, daß ihm der Hund dicht auf den Fersen ist, so springt er plötzlich mit einem gewaligen Satze zur Seite. Er schlägt einen Haken und sein Verfolger schießt in seiner Wuth an ihm vorbei. Währenddem hat Lampe nach der anderen Seite hin einen guten Vorsprung gewonnen. Durch solche Manöver entgeht er oft genug dem einzelnen Hunde und auch dem Fuchse, der ihn gern jagt und der selbst in allen möglichen Jagdkünsten trefflich erfahren ist.

Uebler ist er freilich daran, wenn ihm der Jäger in der verborgenen Hütte am Kohlfelde auflauert oder wenn im Herbst ein Kesseltreiben veranstaltet wird. Nur wenige Hasen unserer Fluren werden das Alter von 8 bis 10 Jahren wirklich erreichen, das sie erlangen könnten, wenn man sie ungestört ließe. Die meisten sterben in jüngern Jahren durch Pulver und

Blei wie echte Helden. Manches Häschen wird freilich auch in den Tagen der ersten Kindheit von den Raubthieren weggeschnappt. Wiesel und Marder, Raben und Falken, Sperber und Weihen fallen über die wehrlosen Geschöpfe her, und selbst der Storch soll gelegentlich solch kleines Ding mit verschlucken.

Der Bauersmann würde aber auch sehr übel daran sein, wenn ihm der Jäger nicht gegen die langohrigen Kostgänger hülfe. Er behielte vom Kraut kaum die Strünke übrig. Der Förster selbst würde mit seiner Baumschule und seinen jungen Anpflanzungen schlecht wegkommen, da die Hasen im Winter die Rinde gern von den jungen Stämmchen abnagen. Um so erfreuter ist die Köchin, wenn zum Markttag ein ganzer Wagen voll geschossener Hasen anlangt, denn Hasenbraten ist der feinste von allen. Auch der Hutmacher wird vergnügt, da er die feinen Wollhaare des Hasenpelzes zum Filze verarbeitet, und der Kürschner macht für das Kind aus dem Pelze ein Paar prächtige Winterhandschuhe; dann kann das Kind selbst im Winter einmal mit aufs Feld gehen, im Schnee die Hasenspuren verfolgen und auf das Feldleben des Hasen achten.

Hasen im Kohl.

Ein Adlerhorst.

Entdeckungsreisen in Feld und Flur. Leipzig: Verlag von Otto Spamer.

9.

Die Raubvögel als Feldpolizei.

Der aller Vögel König ist, macht billig den Anfang.
Komm, Adler! komm hervor, wo bist? stimm' an den Vogelsang.
Der Vorzug dir gebühret, kein Vogel ist dir gleich,
Drum dich im Wappen führet der Kaiser und das Reich.

Aus „Des Knaben Wunderhorn."

Hörst du den hellen, scharfen Schrei, der am frühen Morgen von dem Wipfel der hohen Ulme herüber schallt? Ein Falk hat dort übernachtet und schwingt sich jetzt auf zur schnellen Jagd. Hüte dich, Vöglein im Busch! Hütet euch, ihr Thiere des Feldes! Der Falk und seine Kameraden: Adler, Habicht, Weihe, Bußaar und Sperber, sind scharfe, gestrenge Flurwächter, die keinen Pardon geben. Was sie vom kleinen Gethier als Feldfrevler finden, dem pfänden sie nicht nur den Rock, sondern auch noch den Kopf!

Die gefiederte Feldpolizei des Falkengeschlechts ist mit allen Waffen für ihr Amt ausgerüstet. Die gewaltigen Schwingen treiben sie mit wenigen Flügelschlägen zu reißender Schnelligkeit vorwärts.

Sie überholen leicht den Dampfwagen, der mit voller Kraft dahin braust. Beim Heben des Fittichs ziehen sich die Schwungfedern etwas zusammen; die Fläche desselben wird dadurch kleiner; die Wölbung, welche der Flügel nach oben hat, erleichtert gleichzeitig das Heben. Zum kräftigen Drucke nach unten breiten die starren Federn der Schwingen sich aus, bilden nach unten eine flache Höhlung, schließen mit den dichten Bärten eng an einander und bringen den Vogel kräftig ins Luftmeer empor. Zugleich treiben sie ihn vorwärts noch viel rascher, als der Ruderschlag das leichte Schiff durch die Wasserflut weiter bringt. Schnabel und Kopf bilden den Kiel des lebendigen Luftschiffs. Sie theilen die Wellen des Windes. An Hals und Brust gleitet die Luft mit Leichtigkeit ab und der Schwanz bildet gleichzeitig Steuer und Fallschirm.

Hat der kräftige Vogel durch eine Anzahl tüchtiger Flügelschläge sich die gehörige Geschwindigkeit in der Richtung nach vorwärts gegeben, so kann er mit geringer Anstrengung die Richtung des Fluges verändern. Hält er die Flügel ein klein wenig schräg, nach hinten zu abfallend, so steigt er schräg aufwärts, ganz ähnlich wie die schnellrollende Kugel auf dem schief-liegenden Brete emporläuft oder wie der Papierdrache des Knaben zu den Wolken steigt. Zieht er dabei den einen Flügel mehr ein als den anderen, so beschreibt sein Flug einen Bogen. Der kühne Flieger zieht in mächtigen Kreisen hoch droben durchs Luftmeer und steigt in Schraubenwindungen höher und höher.

Hält er dagegen die Fittiche etwas nach unten geneigt, so senkt sich der Flug und wird dadurch gleichzeitig schneller; klappt der wilde Jäger vollends die Fittiche dicht an den Leib, so schießt er, wie ein Pfeil, der vom Bogen geschnellt wird, hinab zur Erde. Wehe dem Rebhuhn oder der Taube, welche dies lebendige Geschoß trifft! Die dicht an den Leib gezogenen Klauen fassen den Rücken der Beute und dringen wie scharfe Dolche in den Leib derselben. Der schwere Körper des Raubvogels schmettert den schwächeren Vogel zu Boden, ohne daß dem kräftigen Knochenbau des wilden Gesellen der Sturz im Geringsten schadet. Das blutige Werk, welches die Klauen begannen, vollendet der Hakenschnabel, und der gefiederte Jäger belohnt seine Helden-that und seinen Amtseifer durch einen Schmaus, bei dem er Gast und Wirth in einer Person ist.

Feld und Flur sind zwar mit Kräutern und Gräsern reichlich gesegnet und im Frühjahr dringen der grünen Sprossen unzählige allenthalben her-vor, als sei das ganze Land ein einziger großer Quell, aus dem die grüne, lebendige Flut hervorströmt, — aber die vielerlei Thiere des Feldes, die sich von Gras und Kraut nähren, sind nicht minder fruchtbar. Würde nur ein halbes Jahrzehnt hindurch kein Mäuschen getödtet, wahrlich, das Heer dieser Zwerge würde zahlreicher sein als die Grashalme der Wiese. Können ja von einem einzigen Paar Feldmäuse im günstigen Falle während eines einzigen Sommers 18 Paar junge Mäuse entstehen; diese würden bereits im zweiten Jahre über 300 Paar ergeben und schon im fünften Jahre würden fast 4 Millionen Stück vorhanden sein. Ist beim Rebhuhn die Vermehrung auch etwa nur halb so stark, so ergäbe ein einziges Paar nach fünf Jahren doch schon 2 Millionen.

Herabstoßender Adler.

Tödtet man nicht jährlich im Herbste Hunderttausende von gefräßigen Hamstern, von denen eben so viele Metzen Getreide ins Winterquartier eingeschleppt worden waren? — und mehr noch war bereits durch sie von der Feldfrucht verzehrt, ehe sie zu vorsorgenden Hauswirthen heranwuchsen. Werden nicht alljährlich Millionen Lerchen auf den Märkten feilgeboten? — und doch sind ihrer immer wieder auf jedem Acker im Frühjahr genug da. Hast du einmal die Wolken von Sperlingen und Ammern gezählt, die sich auf das Weizenfeld niederlassen, wenn die Aehren sich bräunen, oder welche die Hirse plündern, sobald ihre Rispen sich neigen?

Wahrlich, du kannst es mit dem Griffel auf der Tafel genau nachrechnen, wie wenige Jahre schon ausreichen würden, daß das ganze weite Land statt mit blühenden Blumen mit bunten Vogelköpfen, Hamsterbeinen und Mäuseschwänzen bedeckt wäre! Die kleinen Felddiebe müßten schließlich sich gegenseitig selber verzehren, und der Strom der sich jährlich vermehrenden Thiere würde zu einer Sintflut aus lebendigen Wesen anschwellen — wenn nicht mancherlei Feldpolizei angestellt wäre, um bei Zeiten Einhalt zu thun.

Wiesel und Hermeline suchen die kleinen Wühler in ihren Quartieren unter der Erde auf. Eulen, Füchse und Marder belauern sie während der Nacht, den Tagdienst haben die Falken und ihre Verwandten.

Jede Raubvogelart hat ihr besonderes Jagdrevier und ihre eigenthümliche Weise. Der Adler zieht hoch droben im Wolkengebiet in weiten Kreisen über das Land. Ein Erdtheil ist sein Vaterland, wenige Stunden bringen ihn über Königreiche hinweg! Mit scharfem Auge erspäht er den Hasen drunten, welcher dem Bauer den Kohl bestiehlt; er stürzt pfeilschnell hinab und packt den erschrockenen Uebelthäter. Da giebts kein langes Verhör, kein Ausreden; der Dieb ist auf frischer That abgefaßt und schwebt nach wenig Minuten zappelnd hoch droben in den Klauen des Rächers. Erstaunt siehst du dem kecken Vogel nach; du spähst, wo er hinfliegt; allein du müßtest sehr schnelle Füße haben, wolltest du drunten ihm eben so rasch folgen, als er droben scheinbar gemächlich von dannen zieht. Mehrere Meilen weit weg hat er im dichtesten Forste seinen Horst auf dem Wipfel der höchsten Eiche oder es warten auf ihn die Jungen vielleicht in der unzugänglichen Felskluft.

Mit dem Bauen des Nestes macht kein Raubvogel sich sonderlich viel Mühe, nur daß sie alle sich solche Brutstellen aussuchen, welche Jedem unzugänglich sind, der nicht gute Flügel hat. Sie geben nicht viel auf häusliche Bequemlichkeit und Zierlichkeit: einige grobe Reiser, kreuz und quer gelegt, bilden die Unterlage, darauf etwas dünneres Gezweig, so ist das Nest fertig. Die Eier sind weißlich oder gelbbräunlich, mit dunkelbraunen Flecken versehen und an den Enden abgerundet. Die kleineren Arten legen bis 4 Stück, Adler nur 3, und brüten fast stets nur zwei, mitunter selbst nur eins davon aus. Männchen und Weibchen, die sich in der Jugend einmal gepaart, halten ihr ganzes Leben hindurch treu zusammen und helfen sich oft gegenseitig bei der Jagd. Sonderbarer Weise ist bei den Raubvögeln das Weibchen stets ansehnlich größer als das Männchen und ihm auch an Muth überlegen.

Aehnlich dem Adler benimmt sich der Falk, er übertrifft denselben aber noch an Schnelligkeit; hat man doch berechnet, daß er beim Verfolgen der Beute so rasch fliegt, daß er in einer Stunde 40 deutsche Meilen zurücklegen kann. Hasen und andere vierfüßige Thiere mag er weniger gern, dagegen jagt er gern auf Geflügel. Das Rebhuhn, welches, durch ihn erschreckt, unvorsichtig emporfliegt, ist unrettbar verloren, ebenso die Taube, welche in der Angst sich vom Schwarme entfernt. Mitten in den Schwarm hinein stößt der Falk niemals.

Raubvögel.

Thurmfalk (Falco tinunculus). Gemeiner Flußadler (Pandion haliaëtos). Bußaar (Buteo vulgaris).

Der Thurmfalk (S. 63 oben) ist ein kleiner Vetter vom Edelfalken und hat die meisten Tugenden und Untugenden mit jenem gemein. Er kann ebenfalls in reizender Weise große Kreise in hoher Luft beschreiben und sieht dann aus, als ob er nur zu seinem Vergnügen im blauen Luftmeer sich wiege. Währenddeß späht er aber mit scharfem Auge hinunter auf die schnelle Schwalbe oder auf den Finken, der auf dem Zweig sein Morgenlied singt. Wie ein lebendiger Pfeil stürzt er hinab auf das Ziel, das er sich ausersehen, und ist eben so flink hinter seiner Beute drein, wenn diese die Flucht ergreift. Bei einer solchen Gelegenheit vergißt er auch gänzlich seine sonstige Vorsicht und kommt selbst bis in das Gehöfte des Landmanns, in welches der erschreckte Sperling etwa flüchtet. Tauben und Hühner sind ihm zu groß, sie werden deshalb von ihm nicht belästigt, es müßte sich denn ein Küchlein einmal zu weit vorwitzig von der Mutter hinweg wagen. Sehr eifrig ist der Thurmfalk dagegen hinter den Feldmäusen drein, streicht aufmerksam über dem Ackerland hin und ergreift die Unvorsichtigen, die beim Sonnenschein auf dem Saatfeld spazieren gehen. Findet er keinen hohen Baum, in dessen Höhlung er sein Nest anlegen kann, so läßt er sich mitunter sogar mitten in der Stadt hoch droben auf dem Kirchthurm häuslich nieder und erhielt davon seinen Namen. Gern benutzt er dann auch etwa ein verlassenes Krähennest, um darin seine Eier zu brüten.

Der gemeine Flußadler (S. 63 in der Mitte) hat die Aufsicht über die Fische im Flusse erhalten und versteht sein Handwerk als Fischer aus dem Grunde. Ueber dem blinkenden Spiegel des Stromes schwebt er und erspäht von droben sogar das Fischlein im Wasser, das der Oberfläche etwa zu nahe kommt. Die Enten und anderen Wasservögel fürchten ihn nicht. Sie wissen, daß er ihnen kein Leid anthut; auf den Fisch aber stößt er gierig hinab und taucht in das Wasser hinein, daß der Gischt hoch aufspritzt. Mit scharfen Krallen packt er das schlüpfrige, zappelnde Thier und nach wenig Sekunden erscheint er wieder an der Oberfläche. Sofort erhebt er sich mit wenig kräftigen Flügelschlägen. Er schüttelt die anhängenden Tropfen ab und zieht einem Baume oder Felsen zu. Dort verspeist er den Fisch und läßt die Gräten zurück. Er kommt den Fischern zwar fortwährend ins Handwerk, sie mögen ihn trotzdem aber wohl leiden und verscheuchen ihn nicht, denn er ist ebenso unverdrossen fleißig wie sie selbst, und wo der Flußadler fischt, können sie sicher darauf rechnen, daß auch für sie ein reicher Fang zu hoffen ist.

Dem Landmann und dem Jäger kommt der Flußadler nie ins Revier und unterscheidet sich dadurch vom Adler und Falken.

Viel gieriger als die beiden letztern benimmt sich dagegen der Habicht. Während der Falk nur auf das fliegende Wild von oben herab stößt, ergreift es dieser wilde Gesell auch auf der Erde und faßt es ebenso auch von der Seite. Nur die schleunigste Flucht in dichtes Gestrüpp rettet den schwächern Vogel vor ihm. Dann aber bleibt der grimmige Räuber nicht selten dicht dabei auf der Lauer. Er setzt sich auf den unteren Ast eines nahen Baumes oder auf einen Steinblock und beobachtet mit dem Auge eines Häschers den Flüchtling. Stundenlang sitzt er so unbeweglich, und sobald der Verfolgte sich wieder hervorwagt, stürzt er herab und erfaßt ihn.

Am gierigsten von allen unsern einheimischen Raubvögeln zeigt sich der Sperber. Er ist zwar verhältnißmäßig nur klein und muß sich deshalb mit dem kleinern Geflügel begnügen, in seiner Wuth fällt er aber nicht selten auch Vögel an, die ihm an Größe weit überlegen sind. Rastlos durchzieht er das Buschdickicht und niedere Gestrüpp oder lauert im Strauch am Feldrande auf die ankommenden Scharen der kleinen Felddiebe. Ammern und Finken, Sperlinge und Lerchen, Drosseln und Staare ergreift er. Gelingt es ihm nicht, die Beute mit dem ersten Stoß zu erfassen, so verfolgt er pfeilschnell den Flüchtling, biegt rasch wie der Blitz selbst um scharfe Ecken und scheuet sich nicht, seiner Beute mitten in den Gassen der Dörfer oder in den Gehöften nachzujagen. Kennt man doch Fälle, daß Sperberweibchen nach Singvögeln gestoßen, die im Käfig im Zimmer hingen; freilich zerschmetterten sie sich dabei den Kopf an den Glasscheiben des Fensters. Allgemeiner Schrecken erfaßt die kleinen Feldvögel, wenn der Sperber sich merken läßt; sie suchen sich in die verborgensten Schlupfwinkel zu retten, und es ist vorgekommen, daß Feldsperlinge aus Angst vor ihm sogar in Mäuselöcher geschlüpft sind.

Der beste Feldjäger für unser Ackerland ist der Mäuseadler oder Bußaar (S. 63 unten). An Größe giebt er zwar dem Habicht und dem Falken nicht viel nach, hat aber weniger scharfe Krallen, einen minder kräftigen Schnabel und ist viel träger als diese. Er liebt weniger die Treib- und Hetzjagden, wie seine Vettern dergleichen anstellen, sondern begiebt sich auf den bequemeren Anstand. Hierzu sucht er sich einen Feldbaum aus und setzt sich auf einem unteren Aste desselben zurecht. Dabei zieht er den Kopf zwischen die Schultern, daß er aussieht, wie ein buckeliges, braunes Männchen, und schaut dabei mit scharfem Auge über die Felder drunten hin. Kommt ein vorwitziges Feldmäuschen hervor, das bei Tage einen Spaziergang machen will, so stürzt er sich rasch von seinem Wartthurm herab, wie ein Raubritter aus alter Zeit. Mit fast lautlosem Fluge streicht er durch die Luft und mit sicherem Griffe faßt er die Näscherin, ehe sie ihr bergendes Loch wieder erreichen kann. Auch der schwarzpelzige Maulwurf ist nicht sicher vor den Krallen des Bußaars. Geduldig beobachtet der Vogel die Arbeit des alten Wühlers und sitzt bewegungslos an dem Gange, an welchem der Maulwurf aufzustoßen pflegt. Kaum naht der letztere, so greift auch der Bußaar zu und zieht ihn ans Tageslicht.

Wegen seiner Mäusejägerei schont der Weidmann auch den Bußaar, trotzdem daß er ihm einmal hie oder da auch einen jungen Hasen verspeist. Die andern Raubvögel kommen dem Jäger aber häufig ohne Jagdschein doch zu sehr ins eigne Gewerbe, so daß er ihnen die Wilddieberei legt — vorausgesetzt, daß sie sich beikommen lassen. Lebendige Adler zu schießen ist nicht so leicht wie hölzerne, und die Schützen aller Länder suchen eine besondere Ehre darin, eine Feder von solchem königlichen Vogel am Hut tragen zu können, den sie selber erlegt haben, wie ja der Adler als Herrscher über das weite Land von nicht wenigen Fürsten zum Wappenschmuck aufgenommen worden ist.

10.

Der Thymian und die Blumen am Feldrain.

Den lieben Gott lass' ich nur walten;
Der Blumen, Vögel, Wald und Feld
Und Erd' und Himmel will erhalten,
Hat auch mein Sach' aufs Best' bestellt!

Eichendorff.

Zwischen den Getreidefeldern entlang zieht sich ein schmaler Grasstreifen, bunt von blühenden Blumen. Es ist der Feldrain. Droben am Abhang des Hügels fängt er an, wo die Felder an den Waldrand grenzen, und läuft hinunter bis zur Wiese im Thale.

An seinem Ende droben geht der Fahrweg vorbei, — dort steht der Grenzstein, grau von Alter, mit Mooshäufchen besetzt, fleckig von bunten Flechten. Auf jeder Seite sind Buchstaben eingehauen, halb schon verwettert.

Jedes zehnte Jahr hält die Gemeinde des Dorfes den Grenzumzug: voran Schulze und Schöppen, dann die alten Männer des Dorfes. Rundum schwärmen die Jungen und Mädchen und die Musik fehlt auch nicht. Am Grenzstein macht der Zug Halt! Dort erhalten die pausbäckigen Buben zuerst Ohrfeigen und Püffe, danach Kuchen und Bier.

„Merkts euch, wo der Grenzstein steht! Merkts euch, wie der Feldrain geht!" heißt es; „merkts euch am Zausen und merkts euch am Schmausen!"

Dann geht der Zug mit Jubel, Musik und Lärmen weiter zum nächsten Flurstein. Dort wiederholt sich dieselbe Geschichte.

Ein Vater bleibt mit seinem Söhnchen zurück am Feldrain; beide setzen sich auf den weichen, blumigen Rasen. Der Vater schaut sinnend über den langen, schmalen Grasstreifen hin und spricht dann zu seinem Kleinen:

„Siehe, Kind! Als das Land ringsum vertheilt ward, nahm der Fürst den weiten Wald und Berg mit den Schätzen darin für sich. Im Thale pflanzte er seinen Lustgarten und bauete sein Schloß hinein. Der Bürger umhegte sein Grundstück am Flusse mit dichten Hecken und hohen Mauern; er pflegte sein Gärtchen am Hause. Der Landmann bestellte den Acker. Ihm gehören die Saaten, drunten in der Aue die Wiesen. Wolltest du deinen Fuß auf den blumigen Plan setzen, du würdest gestraft! Viele, viele Leute erhielten Nichts, gar Nichts auf Feld und Flur — sie dürfen nur wandeln auf der Landstraße und — auf dem Feldrain!

Siehe, der blühende Feldrain ist des armen Mannes Gärtchen! Dort dürfen seine Kinder spielen und Blumen pflücken! Höre mir zu, ich will dir vom Feldrain erzählen; vielleicht wirst du ihn dann noch um so lieber haben, zieht er sich ja so blumig und duftreich, so frischgrün und sammetweich zwischen den braunen Aeckern und der staubigen Landstraße dahin — wie ein Festtag mit wonnigen Liedern zwischen den Werkeltagen voll Staub und Mühe!

Der Feldrain ist ein Andenken an längst vergangene Zeiten. Ehedem war hier dichter Wald; man schlug ihn hinweg. Der Pflug wendete die Schollen um und begrub unbarmherzig alle Blumen im Grunde — nur der Rain blieb noch übrig!

Viele der zarteren Gewächse, die damals auf ihm standen, starben freilich auch ab. Alle feinblätterigen Farnkräuter, die lieblichen Maiglöckchen, genug alle, welche den Schatten der Bäume und Büsche bedürfen, verdorrten am hellen Sonnenlicht. Nur diejenigen grünten fort, die den scharfen Strahl im Sommer und den schneidenden Winterfrost vertragen konnten.

Bei dem Thymianrasen hier vor uns wollen wir etwas länger verweilen; er ist die Zierde des Feldrains, sein bestes Geschmeide. Er ist älter als wir Beide zusammen; wer vermag es zu sagen, vor wie viel Jahren das erste Samenkorn in den Grund fiel, aus dem das junge Thymianpflänzchen entstand! Der dünne Stengel ist vierkantig und in kurzen Absätzen mit Knoten versehen, von denen Blätter und Zweige ihren Ursprung nehmen. Ringsum ist er mit feinen Härchen besetzt, besonders an den

Kanten. Jedes Jahr treibt das duftende Kraut aus der Erde neue Sprossen; diese wurzeln wiederum fest und rücken langsam ringsum weiter. Sie vertragen es, daß sie mit Füßen getreten werden. Die jungen Häschen naschen von ihnen, im Winter scharren die Rebhühner dort ihr Lager und zupfen an den Knospen, — der Thymian schlägt doch wiederum aus. Er ist der Hauptschmuck im Gärtchen des armen Mannes, — ein Purpurteppich zu seinen Füßen.

Feldthymian.

Zu zwei und zwei stehen die Blättchen am Stengel; ihre Stiele sind kurz, ihre Flächen länglich-rund. Die Blättchen sind klein, — aber welchen lieblichen Duft verbreiten sie, wenn du sie zwischen den Fingern reibst! Ists doch gerade, als wollte das Thymianpflänzchen dem Kinde des armen Mannes mit seinem Dufte einen Wink geben, wie es sich im Leben verhalten solle. Alle Unbilden, die ihm widerfahren, vergilt es mit Duft, — so wird es allmählig bei Jung und Alt zum Liebling, und Jedermann gönnt ihm das sonnige Plätzchen.

Nicht alle Blumen des Feldrains benehmen sich wie der Thymian. Zupfst du der Wolfsmilch nur ein wenig am Blatt, gleich spritzt giftige weiße Milch heraus. Bringst du einen Tropfen davon an die Lippen oder ans Auge, überhaupt an weiche Stellen der Haupt, so ätzt sie dich und du hast Schmerzen davon.

Dort haben stengellose Disteln am Raine sich festgesetzt und machen sich so breit als nur möglich. Tritt das arme Kind mit den bloßen Füßen darauf, o wie dringen die scharfen Stacheln der schlimmen Blätter ins weiche Fleisch, daß die hellen Blutstropfen heraus perlen! Die Sage erzählt, daß vor Alters die Dänen einen Ueberfall der Schotten beabsichtigt hatten. Beim nächtlichen Marsche trat ein dänischer Krieger aufs Distelblatt und schrie vor Schmerz auf. So wurden die Schotten gewarnt, schlugen die Feinde zurück und setzten aus Dankbarkeit die Distel ins Landeswappen. Das wäre freilich ein Fall, wo ein Kraut seiner Stacheln wegen zu Ehren gekommen, just wie Adler, Bären und Löwen wegen ihrer scharfen Krallen.

Die stachlige Mannstreue (Eryngium campestre), die neben der Distel steht, ist dagegen ihrer Stacheln wegen aufgehangen worden wie ein Verbrecher und Taugenichts. Ihren schönen Namen erhielt sie wegen ihrer Härte und Zähigkeit und — weil Niemand sie anrühren darf, ohne gestochen zu werden. So war sie auch in alter Zeit dem Gott des Donners, dem Thor, geweiht, und in einigen Gegenden glaubt Mancher noch heutzutage: der Blitz schlage ihm nicht ins Haus, wenn er die Mannstreue im Zimmer habe. Er nennt sie Donnerdistel, holt das stachlige Ding vom Feldrain und hängt es an der Stubendecke auf, verkehrt, mit dem Kopfe nach unten.

Auch die Hauhechel ist ein schlimmer Kunde am Feldrain, trotz ihrer hübschen rothen Schmetterlingsblüten. Der Wanderer nennt sie Weiberkrieg und mag nichts von ihr wissen; wer möchte sich auch da niederlassen, wo sie ihre scharfe Dornen ausspreizt? Unser Thymian dagegen ist, wie gesagt, weich und duftig. Hörst du, wie die Goldammer am Waldrande singt: „Wie, wie, wie hab' ich dich lieb!" Ich glaube, sie meint das purpurne Blümchen. Unter einem Polster des Thymian hat ein rühriges Ameisenvolk seinen Wohnsitz aufgeschlagen, dort finden Nachtigallen, junge Trappen, Wachteln, Rebhühner und viele andere Vögel an den Ameisenpuppen ein leckeres Mahl. Sie haben den Thymianrasen alle gar lieb.

Hast du die Blüten des hübschen Pflänzchens schon einmal genauer angesehen? Zu Vielen stehen sie in dichten Wirteln am Stengelende und gruppiren sich zu einer dichten Traube. Jedes Blümchen ist wie ein rother Mund mit zwei Lippen geöffnet, innen schimmern winzig klein die Staubgefäße hervor, zwei längere und zwei kürzere.

Welch' ein Wunderbau ist doch solche Purpurblüte; wie prachtvoll erscheint sie, wenn wir sie durch ein Vergrößerungsglas betrachten, und wie mag sie in den Augen der kleinen Mücken oder des Käferchens aussehen, die oben darauf herum spazieren! Für diese Thierchen ist die Blume ein Königspalast, mit köstlichen Teppichen von Purpursammt ausgeschlagen, vom herrlichsten Wohlgeruch durchduftet. Die Unterlippe der Blüte bildet den Fußboden, die Oberlippe den Baldachin. Ringsum stehen die Härchen als

Krystallgefäße voll köstlicher Wasser und Oele. Am Grunde der Blumenkrone entlang ziehen sich dunklere Streifchen, Saftmahle nennt sie der Pflanzenkundige, — sie scheinen den durstigen kleinen Fliegen den Weg zu zeigen nach der reichen Tafel, welche der liebe Gott für sie gedeckt hat. Drinnen in der Röhre der Blume schimmern Honigtropfen, dort findet das Thierchen vollauf Zehrung und für den Käfer bleibt auch noch etwas übrig. Könnte das kleine Geschöpf sprechen wie du, ich glaube, es sagte wie der Heiland: „Der die Blumen auf dem Felde so schön kleidet, der die Vögel tagtäglich speist, wird auch für dich sorgen!“

Sommerwurz, am Schneckenklee schmarotzend.

Einige Thymianstengel haben an ihrer Spitze keine Blumen entwickelt, sondern weißliche Wollenköpfchen gebildet. Ihre Blätter und Blüten sind zu einer Kugel verschmolzen. In dieser leben die Würmchen einer Gallmücke ähnlich wie in einem Gallapfel am Eichen- und Buchenblatt. An manchen Rasen hat sich auch die Thymian-Flachsseide eingefunden und lebt als Gast auf Rechnung des geduldigen Wirthes. Dicht dabei ragen ein Paar sonderbare gelbliche Stengel schnurgerade empor und tragen zwischen gelblichen Deckblättern schwachröthliche, ziemlich große Blumen. Das ist eine Sommerwurz (Orobanche polymorpha), die sich in der Erde auf den Wurzeln des Thymian festgesetzt hat und von demselben ihren Lebensunterhalt bezieht. Der Schneckenklee (Medicago falcata) daneben hat einen ganz ähnlichen Kostgänger erhalten.

Giftige Gesellschaft hat der Thymian am Feldrain außer der Wolfsmilch nicht, dagegen stehen ringsum zahlreiche Gewächse, die in Blütenpracht mit ihm wetteifern. Pflücke dir ein Sträußchen von ihnen und nimms mit nach Hause, winde einen Johanniskranz daraus oder stecke es ins Wasserglas, daß es die ganze Woche hindurch frisch bleibt!

Hier hast du zuerst mehrere Sorten purpurrother Nelken (S. 73 Fig. 6) und das schneeweiße Hornkraut (Fig. 10), dann Skabiosen mit violetten Köpfen, blaue Glöckchen, Brunellen, Ehrenpreise (Fig. 7) und himmelfarbenen Salbei. Allerliebst nimmt sich der feine Blütenstrauß der knolligen Spierstaude aus und daneben die beiden Arten des Labkrauts (Fig. 3), das weiße und gelbe. Das letztere nennt man wegen seiner goldfarbenen weichen Blütentrauben „Unserer lieben Frauen Bettstroh.“ Maßliebchen fehlen natürlich auch nicht und die Wucherblumen (Fig. 9) ahmen die Gestalt derselben im Großen nach. Wenn das Kind zu lange allein am Feldrain gespielt hat und endlich ans Heimgehen denkt, nimmt es die Blüte der Wucherblume, zupft ein weißes Blättchen nach dem andern ab und fragt dabei wie ein Prophet das Blumenorakel: „Schläge? Schelte? Gute Worte?“ Was von den dreien wirds geben, wenn es nach Hause kommt? — Hübsche gelbe Blumen giebt uns das Habichtskraut (Fig. 11) und der Hahnenfuß, auch finden wir wol Wundklee und Sonnenröschen, sowie den allerliebsten Frauenflachs (Fig. 2). Das zierliche Johanniskraut (Fig. 12) wird dir noch interessant durch die hellen Pünktchen in seinen Blättern, so daß sie aussehen, als seien sie mit Nadeln durchstochen.

Will das Kind des armen Mannes aus seinem Gärtchen am Feldrain aber sich Etwas mitnehmen, was außer dem hübschen Ansehen auch noch anderweitigen Nutzen schafft, so mag es zuerst wieder nach dem duftenden Thymian greifen, der heilsamen Thee giebt. Dann kann es die Knollen des Knabenkrautes (Orchis Morio Fig. 5) stechen und für den Apotheker hübsch trocknen, ferner die schönen gelben Blumen der Königskerze (Fig. 1) sammeln, die Wurzeln der Bibernelle und den bittern Wermuth. Es findet am Raine eine ganze Anzahl Gewächse wild, die sonst besonders gepflegt werden: so die wilde Möhre und Pastinake, die blaue Cichorie und den Beifuß. Der starkriechende bittere Rainfarn (Tanacetum), der auch wurmwidrig wirkt, sowie der gewürzig duftende Steinklee (Fig. 4) werden von den Leuten der Stadt gern gekauft, um das Pelzwerk im Sommer gegen die Motten zu schützen. Aus den zähen Stengeln des Besenpfriemen lassen sich hübsche Kehrbesen binden.

Ehe wir, mein Kind, den blühenden Feldrain verlassen, siehe dir noch zwei Pflänzchen an, die unscheinbar dicht neben dem Thymian stehen: die Schafgarbe und den Wegerich. Du weißt, daß vor sechzig Jahren der Feind arg im lieben Vaterlande hauste. Da wars eine böse, schlimme Zeit. Die Soldaten marschirten quer durchs Getreidefeld, die Reiter zerstampften die Oelsaat und die Kanonen fuhren das vollends in den Grund, was etwa noch stehen geblieben. Damals war auch der Großvater als junger Mann mit im Kriege und hier auf den Feldern ward gekämpft, mit Flinten und Kanonen geschossen, hinüber und herüber. Hier hinter dem Feldrain

Rain-Blumen.

1. Königskerze. 2. Frauenflachs. 3. Labkraut. 4. Steinklee. 5. Knabenkraut. 6. Feldnelke. 7. Ehrenpreis. 8. Distel. 9. Wucherblume. 10. Hornkraut. 11. Habichtskraut. 12. Johanniskraut.

lagen unsere Schützen versteckt und drüben von der Wiese her kamen die Feinde. Die Feinde wurden geschlagen und flohen, aber eben als der Großvater aufsprang, um die Flüchtigen mit zu verfolgen, als Alle schon „Sieg!" riefen und mit „Hurrah" hinter Jenen drein stürmten, da fuhr ihm eine Kugel durchs Bein, und hier auf dem Thymianrasen, nicht weit vom Grenzstein, sank er zu Boden. Damals ist manches Pflänzchen des Raines mit Blut genetzt worden und das Ackerland auch. So blieb der Verwundete seufzend allein zurück, sah betrübt nach dem Getümmel in der Ferne und nach dem brennenden Dorfe. Eben ging das Dach des elterlichen Hauses in Flammen auf. Da gedachte er daran, was ihm sein Vater von den Blumen des Feldrains erzählt hatte. Er sah die Schafgarbe, — die Pflanzenforscher haben sie Achillea genannt, denn Achilles, der griechische Held, soll seinen Freund Patroklus mit dem Safte derselben geheilt haben, als er verwundet war. Das fiel dem blessirten Kriegsmann jetzt ein; auch gedachte er daran, daß der Wegerich als Wundkraut berühmt ist. Er pflückte die Blätter von beiden und rieb sie, legte sie auf die blutende Wunde und verband dieselbe, so gut als es gehen wollte. Dann kam ihm Hülfe von seinen Freunden. Er heilte aber den verwundeten Fuß nachmals völlig mit den beiden Kräutern und hat später, als Frieden im Lande war, stets mit Dank zum Feldrain geblickt, wenn er frisch und kräftig hinter dem Pfluge auf dem Acker einherschritt!

Schafgarbe und Wegerich.

Nicht wahr, mein Kind, du bedarfst jetzt weder Ohrfeigen noch Kuchen, wie die Jungen beim Flurgange, um dir den Feldrain mit seinen Blumen zu merken?

11.

Die Hummelkönigin und ihr Volk.

Es ist ein kleiner Soldat,
Der ein giftig Spießlein hat;
Täglich zieht er mit Gesang ins Feld,
Nur im Winter bleibt er im Zelt.
Er erobert ohne Zahl
Die schönsten Schlösser zu Berg und Thal,
Er bringt in ihre Keller ein
Und trinkt aus goldenen Becherlein
Immer neuen, süßen Wein.

A. Keller.

Es wohnte einmal eine Hummel am Feldrain, die war größer als alle ihre Geschwister. Sie hatte aber deren mehr als hundert. Sie konnte so schön brummen, wie der Baß bei der Tanzmusik, und die Kinder nannten sie nur die „Hummelkönigin" (a), denn sie war die stärkste und hatte ein prächtiges schwarzes Pelzwams an und um den Hals einen gelben Kragen.

Ihr Schloß Hummelburg war freilich nicht größer als eine Hand lang und eben so breit, und die Thür, welche hinein führte, konnte ein Kind mit dem kleinen Finger zuhalten.

Im Herbst waren alle Geschwister der Hummel gestorben, sie hatten den Frost nicht vertragen können; dazu waren sie altersschwach, denn sie hatten schon ein Vierteljahr gelebt, einige von ihnen sogar ein Halbjahr, und das ist für eine Hummel ein außerordentlich hohes Alter.

So war denn die große Hummel Waise und Wittwe mit einem Male geworden. Sie stand mutterseelenallein da, just wie Robinson, als ihn das Meerwasser an seine Insel warf. Da es kalt ward, kroch die Hummel in das hinterste Kämmerchen des Hummelnestes, zog alle sechs Beine dicht an den Bauch und schlief ein. Ob sie geträumt, hat Niemand erfahren können. Zeit hatte sie eigentlich genug dazu, denn sie schlief den ganzen Winter hindurch in einem Stück fort, bis zum Frühjahr die Sonne wieder höher stieg und die Wärme durch die Erde ins Hummelnest drang. Da erst wachte die Hummel auf und fühlte Sehnsucht nach einem guten Frühstück. Aber der Frost und der Winterregen hatten den ganzen Eingang ins Hummelnest verdorben. Er war eingeweicht und zusammengestürzt und die Hummel war lebendig begraben, wie ein Bergmann im Schacht. „Dumm, dumm, dumm, dumm!“ meinte sie, machte sich aber sofort an die Arbeit und kratzte sich einen Weg ins Freie. Nach zehn Minuten blitzte ihr schon der erste Sonnenstrahl entgegen, und nach einem kleinen Weilchen war sie im Freien und ließ sich von der Sonne bescheinen.

Sie hielt ein wenig inne, um auszuruhen. Ringsum blühete es schon weiß, gelb und blau auf dem Felde: Hungerblümchen, Fingerkraut und Ehrenpreis in Menge. Drüben am Bache öffnete die Weide eben ihre Kätzchen, der Haselstrauch streute gelben Puder aus seinen Blüten, und vom Felde her duftete es schon nach lauter Rübsenhonig.

„Dort wirds große Gesellschaft geben!“ brummte die Hummel für sich — natürlich immer in der Hummelsprache, die viel Aehnlichkeit mit dem Bärenlatein hat. — „Dort sind die Bienen schon zu Hunderten da, lauter gemeines Arbeitsvolk, keine einzige Königin wie Unsereiner, mit der man sich abgeben könnte.“ Und damit begann sie sich möglichst sauber zu machen, damit Niemand sich über sie aufhalten könne und sie als Königin erschiene. Sie strich die vier Flügel rein und bürstete das Pelzwams ab, das von der Erdarbeit staubig geworden war. Jede ordentliche Hummel hat Bürsten und Haarkamm fortwährend bei sich, an jedem Beine sogar eine, dazu auch noch mancherlei anderes Handwerkszeug: am Munde tüchtige Kneipzangen, an jedem Fuße zwei Haken und am Hinterleibe einen scharfen Stachel. In letzterm hat sie auch ein wenig Gift und wenn ein Vorwitziger sich an ihr vergreift, so giebt sie ihm einen Denkzettel, daß er es nicht wieder thut.

Jetzt ist die Hummelkönigin fertig mit Putzen und Kehren. Ihr Pelzwams glänzt schwarz, wie echtes russisches Rauchwerk. Um die Brust geht ein goldbrauner Kragen und um den Leib ein goldener Gürtel. Ganz zuletzt hat sie noch ein weißes Unterkleid wie Hermelin.

Sie hat sich den Bart gestrichen und die Augen ausgerieben — sie besitzt deren gar viele. Jedes ihrer beiden großen Augen ist aus Hunderten von kleinen zusammengesetzt und drei kleine Nebenaugen stehen außerdem noch oben auf der Stirn wie beim Riesen Polyphemos, dem Menschenfresser.

Weidenblüten: a Blütenkätzchen mit Staubblüten, c ein solches mit Stempelblüten, b eine einzelne Staubblüte, d eine Stempelblüte, beide vergrößert; an ihrem Grunde die Honigschuppen.

So fliegt sie fort, geradewegs zum blühenden Weidenbusch. Dort gehts schon lustig und hoch her. Alles summt und singt wie im Konzert: Bienen, Mücken und Fliegen, hie und da auch ein Käfer. Die Weidenblüten haben aber auch eine so große Menge von Honigtöpfchen und Zuckertöpfchen, daß kein Konditorladen auf der ganzen Welt so viel hat. An jedem Fruchtknoten (d) und an jedem Staubgefäß (b) stehen Honigschüppchen voll süßer Speise. Hier findet die Hummelkönigin ein prächtiges Frühstück.

Ringsum flattern die Schmetterlinge: Citronfalter und Füchse mit blauen Kanten. Die Bienen haben schon dicke Höschen von Blütenstaub gesammelt und machen sich in Gesellschaft auf den Heimweg, um sie den Kameraden im Stocke zu bringen. Die Käfer sitzen zu Zwei bei einander und die Finken wiegen sich auf den Zweigen, singen um die Wette und tragen zu Neste. Sie alle haben ihre Gespielen, nur die Hummelkönigin ist einsam. Es ist auch für eine Hummel nicht hübsch, wenn sie allein ist, und eine Königin ohne dienendes Volk ist höchst langweilig.

Was fängt nun die Hummelkönigin an? Sie bleibt nicht vor Kummer und Betrübniß auf dem Weidenzweig sitzen und brummt Lieder voll Sehnsucht und Wehmuth, sondern sie schnurrt lustig wie ein Tambour: „Drum, drum, drum, drum!" als sollte es zum Angriff gegen den Feind gehen. Sie hat sich vorgesetzt, ein zahlreiches Volk zu gründen. Sie will eine große Familie haben und über alle Mutter und Großmutter sein.

Sofort macht sie sich auch daran und versucht sich zunächst Gehülfen zu verschaffen. Für den ersten Anfang muß sie zwar die ganze Geschichte des Robinson durchspielen, muß ihr eigener Zimmermann und Maurer, Haushofmeister und Kindermuhme sein. An einer prächtigen Stelle des Feldraines, wo der Grund lehmig und trocken ist und die Sonne am wärmsten scheint, hat früher der Maulwurf sich einen Gang gegraben. Dieser ist jetzt verlassen, aber hübsch geräumig und glatt an den Wänden. Sein Ausgang ist halb versteckt unter einem dichten, duftenden Thymianrasen. Diese Höhle wählt sich die Hummelkönigin zu ihrem Palast, ihrem Vorrathsspeicher und Kinderstübchen.

Sie vermag es zwar nicht, wie ihre Base, die Biene, Wachs im eigenen Körper zu bereiten, oder wie die Wespe Holz und Grasblätter zu zernagen und mit ihrem Speichel zu einer Papiermasse zusammen zu kitten. Sie versteht die Kunst nicht, schöne Zellen für ihre Brut und für die Speisevorräthe zu bauen — trotzdem findet sie sich auch in der Welt durch und sorgt für ihre Familie auf ihre Weise.

Von früh bis zum Abend summt sie von Blume zu Blume und trägt an den Beinen dicke Höschen von Blütenstaub und im Magen reiche Mengen von Honigseim heim. Beides mischt sie zusammen und speichert es im Maulwurfsgange als rundliche Häufchen auf. Selbst an trüben, unfreundlichen Tagen, an denen die empfindlichen Bienen sich scheuen, ihren Stock zu verlassen, ist die Hummel im Freien zu finden, und nicht selten überrascht sie sogar die hereinbrechende Nacht noch im Freien bei ihrer Arbeit. Im Nothfall, wenn plötzlich gar zu schlechtes Wetter hereinbricht, übernachtet sie auch wohl in einer geräumigen Glockenblume oder einer ähnlichen.

Hat die Hummel eine hinreichende Menge von Nahrungshäufchen aus Honig und Blumenstaub zusammengetragen, so legt sie ihre Eier daran.

Aus diesen schlüpfen kleine Würmchen, ganz ähnlich den Bienenmaden, und fressen sich in die Speisevorräthe hinein. Sie leben mitten in diesen und höhlen sie aus, so daß ringsum nur eine dünne Wand stehen bleibt. Außen trägt die alte Hummel währenddeß unausgesetzt neue Speisevorräthe zu, so daß es den Würmchen nicht fehlt, und da diese Tag und Nacht in Einem fort schmausen, so gedeihen sie bei der reichlichen Nahrung auch kräftig. Sind sie gehörig erwachsen, so fertigen sie rings um sich ein Gespinnst, einen Cocon, etwas jenem ähnlich, den die Seidenraupe erzeugt, nur nicht so dicht und so groß. Dann schlafen sie ungefähr fünf Tage lang als Puppen darin, schlüpfen dann als junge Hummeln hervor, beißen sich ein Loch durch die Gespinnsthülle und summen hinaus ins Freie. Die alte Hummel steht ihnen beim Auskriechen aus dem Gespinnst treulich bei und erweitert mit ihren Kneipzangen die Oeffnung an der Spitze desselben.

Die zurückgebliebenen leeren Coconhüllen ähneln etwas den Bienen- und Wespenzellen und wurden ehedem auch für Hummelzellen gehalten. Die zuerst ausgeschlüpften Hummeln sind kleine Arbeiterinnen, unvollkommene Weibchen (c), die keine Eier legen, sondern nur als Kinderwärterinnen der alten Hummelmutter bei ihrer Arbeit treulich beistehen. Sie schleppen ebenfalls Honig und Blütenstaub herbei und speichern diese Nahrung in den leeren Cocons und zwischen denselben auf. Die alte Hummelkönigin legt abermals Eier dazu und aus diesen erwächst im Hochsommer die zweite Brut, die aus lauter kleinen, aber vollkommen ausgebildeten Weibchen besteht, ganz so gefärbt wie die Mutter. Obschon noch gar keine Männchen im Stocke vorhanden sind, legen diese kleinen Weibchen doch ebenfalls Eier. Aus diesen gehen gegen Ende des Sommers männliche Hummeln (Drohnen b) und große Weibchen (a) hervor, die bestimmt sind, im nächsten Jahre Königinnen zu werden und neue Hummelstaaten zu gründen. Die Larven, aus denen diese Hummelköniginnen erwuchsen, wurden mit den reichlichen Vorräthen gefüttert, welche die Arbeiter und kleinen Weibchen für sie in den leeren Cocons aufgespart hatten. Eine Hummelfamilie ist durchaus nicht so zahlreich wie ein Bienenschwarm; sie besteht gegen Ende Sommer aus etwa 100 Hummeln; von diesen sind etwa 25 Männchen (Drohnen), 15 Weibchen und die übrigen Arbeiterinnen.

Kommen die rauhen Herbsttage heran, so ist die alte Hummelmutter, welche im Frühjahr die Familie gründete, bereits gestorben. Die Arbeiterinnen, Drohnen und kleinen Weibchen werden auch lebenssatt und müde.

Nicht wenige sind bereits von lüsternen Vögeln bei ihren Ausflügen weggeschnappt worden, andere bei einem Gewitter oder Hagelschlag verunglückt, einige in den Fluß gestürzt und von den Fischen verspeist worden. Die übrigen werden allmälig matt und sterben. Die großen Weibchen dagegen suchen sich ein Winterquartier; das eine bleibt vielleicht im Baue versteckt, das zweite schlüpft nicht weit davon in ein Mäuseloch, das dritte in einen hohlen Baum oder in eine moosige Steinkluft. Nicht wenige von ihnen kommen während des Winters noch ums Leben, sei es durch Nässe und Frost, sei es durch Mäuse oder andere Feinde. Jedes Frühjahr sind aber doch noch genug neue Hummelköniginnen vorhanden, welche aus ihren Verstecken hervorkommen, um neue Hummelstaaten zu gründen.

Im Hummelnest stellen sich gelegentlich auch noch Gäste ein, die dort freie Kost und Logis finden. Mehrere Arten — Schmarotzerhummeln, die nur einzeln leben, — lassen sich von ihren reichen Vettern ernähren. Ihre Füße sind nicht dazu eingerichtet, Blumenstaub einzutragen, ihr Rüssel ist nicht lang genug, um aus den Blüten den Honig trinken zu können. Ihre Kneipzangen sind nicht kräftig genug, Wachs zu schneiden und selbst Zellen zu bauen. Sie quartieren sich deshalb bei den Erdhummeln ein und werden von diesen eben so gelitten, wie die Ameisen in ihrem Baue auch mancherlei Käferlarven leiden und groß ziehen. Sie legen selbst ihre Eier mit in die Hummelzellen und lassen ihre Jungen von den gefälligen Muhmen groß füttern.

Viel schlimmere Gäste sind die Feldmäuse für den Hummelstaat. Diese brechen gern in den Bau ein und verzehren dann nicht nur den Honig, sondern auch die junge Hummelbrut, wenn dergleichen vorhanden ist. Wo deshalb auf dem Felde viel Mäuse sind, werden die Hummelnester auch selten.

Die Kleeäcker sind für das Hummelvolk eine ganz besondere Wohlthat; interessant ists aber, wie die Hummeln dem Bauer bei ihrer Honiglese auch einen großen Gefallen thun, ohne daß sie es wollen und ohne daß er's weiß.

Der Klee trägt nur Samen, wenn der Blütenstaub seiner Blumen auf die Narben der Stempel in den letztern gelangt. Dies geschieht aber besonders durch Beihülfe der Hummeln. Der Saugrüssel der Bienen ist nicht lang genug, um in die enge Blütenröhre einzudringen, wohl aber der der Hummeln. Sind daher auf einem Kleefelde viele Hummeln, so trägt der Klee reichlich Samen, und der Bauer kann wieder neue Felder besäen, damit auch die Nachkommen der neuen Hummelköniginnen Etwas zu schmausen finden.

12.

Der Iltis.

Schon fangen alle freudigen Geschöpfe
Des Tags zu nicken an und einzuschlummern,
Indeß der Nacht unheimliches Gesindel
Ausgeht, um seine Beute sich zu suchen.

Shakespeare.

Es ist Abend geworden und die Schatten der Nacht legen sich wie ein grauer Mantel über Feld und Flur. Lerchen und Rebhühner ruhen in den Furchen des Ackerlandes und du meinst: Alles schlummere in süßem Frieden, Alles träume süß vom Sonnenschein und Blumenduft des Tages! Du irrst dich; auch auf dem Felde giebts einen Unhold, der den Schlaf der friedlichen Thiere stört und die Sorglosen mordet: es ist der Iltis.

Zwischen den breiten Klettenblättern der Hecke hindurch schimmern zwei grünlichblaue Flämmchen, das sind die Augen des tückischen Mörders. Im dichten Strohdach der Scheune hat das Thier den ganzen Winter über ein warmes Lager gehabt, nicht weit vom **Steinmarder**, seinem Vetter. Zum Dank würgte es dem Bauer die beste Henne, stürzte ihm den Bienenkorb um und fraß den Honig. Jetzt zieht der Iltis mit dem Anfang des Sommers ins Feld, mordlustig und blutdürstig wie der wildeste Kriegsknecht und Raubgesell.

Dein scharfes Auge erkennt beim matten Schimmer der Mondsichel die schlanke Gestalt des Iltis. Der Körper mißt zwei gute Spannen (45 cm.), der dünne Schwanz eine Handlänge (20 cm.). Die Ohren sind abgerundet und stehen wenig über den Kopf vor, der sich durch einen weißen Bogenstreifen kenntlich macht. Bedächtig und leise hebt der Iltis die Beine und von seinen Sprüngen hörst du nicht das mindeste Geräusch; die behaarten Sohlen seiner Pfoten geben ihm einen weichen Tritt, wie ihn die Katze hat. Bei jedem Sprunge biegt sich der schlanke Leib im Bogen nach oben; er gleitet zwischen Gras und Kräutern hindurch gleich einer schwärzlichen Schlange. Beim Lichte des Tages würdest du das Pelzwerk des Thieres dunkelbraun finden.

Ringsum wachsen das schönste Gemüse, die saftigsten Blätter, am Waldrande duften die leckersten Erdbeeren, im Quell plätschert das frischeste Wasser, das Alles reizt den Iltis nicht, — er hat nur Hunger nach frischem Fleisch, nur Durst nach warmem Blut; so schlüpft er weiter und späht mit funkelnden Augen nach Speise!

Ein Mäuschen hüpft in der Feldfurche, es springt flink wie ein Tanzmeister, aber der Iltis versteht das Hüpfen und Springen noch besser, — ein Satz und ein Biß! — kaum daß das Thierchen noch einen Nothschrei ausstoßen konnte, da ist sein Kopf schon zermalmt.

„Ein schlechter Anfang!" meint der Iltis und leckt das warme Blut, „aber Etwas ist besser als Nichts!" Bald ist er fertig und zieht weiter zum Hamsterbau. Der alte Geizhals hat sich behaglich dort eingerichtet und seine Kammer drunten weich ausgefüttert; sie sollte das Kinderstübchen werden für die zarten Jungen. Eben war er noch ausgegangen und hatte die Felder besichtigt: wie weit Roggen und Weizen getrieben und wie's mit den Erbsen eigentlich stünde. Jetzt sitzt er dicht an der Fallröhre, die senkrecht nach seiner Burg führt, und putzt sich mit den Pfoten den Thau vom Barte ab, — da springt ihm der Iltis von hinten auf das Genick, und ehe der Erschreckte noch Zeit hat, pfauchend sich umzuwenden, um mit den kräftigen Zähnen sich zu wehren, sind ihm schon die Halsadern zerrissen und er verblutet.

„Die Mahlzeit lohnt sich schon besser!“ berechnet der Mörder; „das Fleisch kann für morgen gespart sein und das Beste ist das weiche Nest, es giebt ein hübsches Sommerlogis. Unsereins wird von aller Welt gehetzt und gejagt, da ists gut, wenn man der Wohnungen mehrere hat, dann findet man allerwärts eine Zuflucht und während des hellen Tages eine sichere Schlafstelle.“

Er könnte nun eigentlich schon zufrieden sein mit seiner Beute, aber die wilde Mordlust treibt ihn weiter. Am Feldrain macht er Halt. „Hier riecht es nach Honig, die Hummeln scheinen schon eingetragen zu haben; etwas Süßes zur Abwechselung ist gut, es mildert den Blutgeschmack!“ Der Iltis kratzt die schlafenden Hummeln heraus und speist ihren Nektar, dann wendet er sich seitwärts nach dem Teichufer.

Eine Kröte schleicht langsam zwischen den Kohlpflanzen umher und sucht die Nacktschnecken ab, die dort ihr Wesen treiben. „Fades Fleisch das!“ knurrt der Iltis, „kaum zwei Tropfen Blut im ganzen Vieh und obenein kalt wie Bachwasser; aber für den Fall der Noth doch zu gebrauchen!“ Er beißt ihr den Kopf entzwei und will sie eben nach dem Hamsterloch schleppen, als es dicht dabei raschelt: ein Aal ist ans Land spaziert und macht eine Nachtpromenade nach dem Erbsenfeld. Nach der Fischmahlzeit, die er am Tage im Teiche gehalten, wollte er jetzt etwas Grünes genießen. Nur wenig Windungen macht sein Schlangenleib noch vorwärts, da sitzen ihm die scharfen Zähne des Iltis im Fleische. Es giebt einen wilden Kampf, denn der Aal ist ein kräftiger Bursche und nimmt es sonst wol mit einem Feinde auf; der Iltis aber weiß auf dem Lande besser Bescheid und faßt den glatten Gesellen so, daß dieser sein Gebiß gar nicht gebrauchen kann. Trotz alles Sträubens und Windens schleppt er ihn weiter, zerbeißt ihm den Schädel und verwahrt ihn in der Vorrathskammer des Hamsters.

Wenig Minuten darauf ist er schon wieder auf der Jagd. Diesmal hat er Spuren von Rebhühnern entdeckt und verfolgt dieselben leise und vorsichtig wie ein Spürhund. Dort hinter dem Klee hat das alte Rebhuhn sein Nest; es sitzt auf den Eiern und schläft. Vielleicht träumt es von den künftigen Küchlein, wie es die kleinen Dinger durchs Getreidefeld führen und sie pflegen will — es wirds nicht erleben, denn hinter ihr funkeln schon die Augen des Mörders. Der Iltis faßt es und beißt ihm den Kopf ab. Er hat keinen Hunger mehr und will nur etwas Leckeres haben, so säuft er ein wenig Blut, frißt etwas vom Hirn und schleppt dann das Rebhuhn nach Hause. Dann kehrt er zurück und holt auch die Eier, eins nach dem anderen; er versteht es, dieselben geschickt mit dem Kinn gegen die Brust zu drücken und in seinen Schlupfwinkel zu bringen, ohne eins zu zerbrechen. Hindert ihn morgen etwa schlechtes Wetter am Ausgehen, so wird er sie vorsichtig mit den Zähnen öffnen und sie auslecken.

Kein Thier des Feldes ist vor dem Iltis sicher. Er würgt die Wachtel und die Lerche, mordet den Fasan und raubt dessen Eier. Maulwürfe und Spitzmäuse frißt er zwar nicht, aber er beißt sie todt, wenn er ihnen begegnet. Selbst den jungen Hasen beschleicht er und tödtet ihn, und in den Bauten des wilden Kaninchens richtet er arge Verwüstungen an, denn, wie gesagt, er tödtet nicht blos so viel, als er für den augenblicklichen Hunger bedarf, sondern mordet so lange, als er Lebendes antrifft. Was irgend möglich, schleppt er auf Vorrathshaufen zusammen, von dem Uebrigen verzehrt er bei Ueberfluß nur die leckersten Theile und läßt das Andere liegen. In einem Iltisbaue fand man 40 Stück Kröten und Frösche aufgestapelt, alle halbtodt, mit zerbissenen Köpfen; in einem anderen lagen 11 Aale. Wehe dem Taubenschlage, in welchen der Iltis gelangen kann! Ein kleines Loch genügt schon, ihn einzulassen; wo er seinen Kopf durchstecken kann, schlüpft auch der übrige Körper leicht nach. Und wären hundert Tauben im Hause, er mordet sie alle in einer einzigen Nacht.

Auf der anderen Seite erzählt man aber von ihm auch ähnliche schlaue Stückchen wie von Reinecke Fuchs. Er soll nicht in demselben Gehöft plündern, in welchem er sein Winterquartier aufschlägt; ja er soll mitunter mit den Hühnern friedlich in demselben Stalle wohnen. Es scheint fast, als thäte er dies in der listigen Absicht, seine Gegenwart nicht zu verrathen.

Im Februar ist beim Iltis die Zeit der Paarung; dann steigt er bei nächtlicher Weile gern auf die Dächer der Häuser und beißt sich dort wüthend mit Seinesgleichen herum. Neun Wochen später, Ende April, hat das Weibchen in einem warmen Versteck 3—5 Junge. Diese sind, wie bei allen nächtlichen Thieren, während der ersten zwei Wochen blind, nicht lange danach begleiten sie aber die Mutter auf ihren Ausgängen bei Nacht und werden von dieser bis zum Herbst hin versorgt. Die jungen Thierchen sind äußerst possirlich. Fängt man sie zeitig genug ein, so werden sie zahm, hören auf den Ruf wie kleine Kätzchen und nehmen das Fleisch aus der Hand. Sie folgen ihrem Herrn wie Hündchen, selbst im Walde bleiben sie bei ihm und kehren mit ihm nach Hause zurück; ja sie lassen sich sogar zu mancherlei Jagdkünsten abrichten. Haben doch Viele die Ansicht, das Frettchen sei nichts als ein Iltis, der durch lange Gefangenschaft seine Färbung verändert habe, und daß dieses Thier dem Jäger beim Fang der wilden Kaninchen gute Dienste leistet, haben wir früher (Wohnhaus S. 145) erzählt. Auch den Fuchs soll man durch einen gezähmten Iltis in seinem Bau aufsuchen lassen können. Er verbeißt sich in die Kehle desselben und hält ihn so lange fest, bis der Jäger zu Hülfe kommt.

Um aber auch von dem wilden Iltis noch etwas Gutes zu reden, so erwähnen wir, daß er auch mitunter die giftige Kreuzotter anfällt und frißt. Er achtet es ebenso wenig wie der Igel, daß sie ihm einen Biß versetzt; ihr Gift scheint bei dem wilden Gesellen ohne Wirkung zu sein. Er zerknirscht ihr den Kopf und verzehrt ihn sammt den Giftzähnen und Giftdrüsen.

Wegen seiner schamlosen Räubereien ist Jedermann dem Iltis bitter feind. Man tödtet ihn, wo man seiner habhaft werden kann; nur ist dies gar nicht so leicht. Fürs Erste kommt der arge Bursche nur bei Nacht zum Vorschein und sieht dann besser als seine Verfolger. Ferner weiß er auch schlau genug die Fallen und Fußeisen zu umgehen, die man ihm auf den Weg legt, obschon er sich etwas leichter fängt als der Steinmarder. Am ehesten wird man seiner habhaft, wenn man ein Ei oder einen gebratenen Fisch als Lockspeise legt. Ein Schuß muß sehr sicher getroffen haben, wenn er ihn fällen soll; lief doch ein Iltis noch ein gut Stück davon, trotzdem daß er acht Schrotkörner ins Gehirn und zahlreiche in die Brust erhalten hatte; man mußte ihn noch mit Knütteln todtschlagen. Das Fleisch des schlimmen Kunden mag selbst ein Hund nicht fressen; der Balg ist von der Beute noch das Beste, besonders während der Mitte des Winters. Leider haftet an dem weichen Pelzwerk aber lange Zeit der fatale Geruch, den das Thier bei Lebzeiten hatte, und deshalb steht es in viel niedrigerem Preise als jenes vom Marder. Immerhin wird das Stück mitunter noch mit einem Gulden bezahlt, und wenn der Geruch sich verloren hat, erscheint der braunschwarze Iltispelz mit weichem gelblichen Wollhaar nach dem Tode des Raubthiers viel angenehmer als bei dessen Lebzeiten. Unser Freund, der Kürschner, erzählt uns, daß in Deutschland in jedem Jahre ungefähr zweihunderttausend (200,000) Iltisse erlegt werden. Auch sagt er uns, daß von den Verwandten des Iltis, von den beiden Marderarten, noch ziemlich viele vorhanden sind. Vom Edelmarder werden jährlich gegen dreißigtausend (30,000) Stück, vom Steinmarder siebzigtausend (70,000) Stück getödtet.

Der Edelmarder hat das schönste Pelzwerk von allen dreien. Edelmarder und Steinmarder lassen sich leicht von einander unterscheiden: bei dem ersteren ist die Kehle rothgelb gefärbt, beim Steinmarder weiß. Im Klettern dagegen ist der Edelmarder unter allen dreien der Meister. Fehlts ihm draußen an Nahrung, so kommt er zum Gehöfte des Landmanns. Im Herbst speist er zur Abwechselung etwas süßes Obst, Beeren u. dgl., gerade wie der Fuchs, am liebsten aber hält er es mit Tauben und Hühnern, ja er scheut sich selbst vor den Enten nicht, und wenn das Kind den Stall seiner Kaninchen nicht recht gut verwahrt hat, so kann ihm der gewandte Bursche über Nacht einmal einen recht schlimmen Streich spielen. Kröten, Frösche und Fische, die der Iltis verzehrt, mögen die beiden Marder nicht speisen. Sie hungern lieber ein paar Tage, ehe sie die kaltblütigen Dinger anrühren.

Am ehesten kann man es im Winter erkennen, ob ein Edelmarder oder ein Steinmarder in der Nähe des Hauses ihr Wesen treiben. Sieht man auf dem frischgefallenen Schnee die Fußspuren der ungeladenen Gäste, so kann man ihre Verstecke entdecken. Den Edelmarder findet man dann mitunter hoch oben auf einem Baume. Dort wohnt er in einer Höhlung oder im verlassenen Krähennest. Manchmal legt er sich aber auch, sobald er Menschen kommen sieht, der Länge nach auf einen Ast, schaut seine Verfolger unverwandt an und rührt sich nicht. Der Jäger kann bequem nach ihm schießen, — fehlt er, so bleibt mitunter das Thier selbst dann noch regungslos liegen, so daß der Schütze abermals laden und noch einmal schießen kann. Der Steinmarder läßt sich durch Lärm und Spektakel aus seinem Verstecke herausjagen und wird dann mit Hunden gejagt oder erschossen.

Der Steinmarder.

Auf dem Wiesenplan.

13.

Wiesengräser.

Wie viel Blätter in den Wäldern,
Wie viel Gräslein in den Feldern,
In den Hecken wie viel Dörner,
Auf dem Acker wie viel Körner,
So viel lebendig weit und breit,
So oft und viel sei Gott Dank in Ewigkeit.

Aus „Des Knaben Wunderhorn."

„Wie reizend, wie lieblich grünet und blühet die Wiese!" so rufen die Spaziergänger, wenn sie am Sonntag an der frischgrünen, mit Blumen bedeckten Matte vorbei kommen. „Sie gleicht einer prächtigen Sammtdecke, die mit den herrlichsten Farben gestickt ist, und die Thautropfen sind die Perlen und Edelsteine daran!" So sagen sie und gehen dann weiter nach dem Wirthshaus. — Heute ist Werkeltag, da zeigt uns die Wiese noch etwas mehr als den bunten Schimmer, natürlich nur dann, wenn wir bei ihr etwas länger verweilen.

Du wirst schon viel und Mancherlei gehört haben von der Pracht heißer Länder und von ihren Herrlichkeiten; hast dir erzählen lassen: wie dort Zucker und Kaffee, Zimmt und Muskate auf dem Felde und im Walde wachsen und wie den Leuten die Apfelsinen und Feigen auf den Kopf fallen. Das ist Alles wol wahr und schön, aber eine so saftig grüne Wiese mit niederem Gras und Blumen würdest du in den meisten jener gepriesenen Länder vergebens suchen, und alle jene Herrlichkeiten, welche mit derselben zusammenhängen, bleiben dann auch weg. Da ist selten ein Trunk süße Milch oder etwas frische, appetitliche Butter zu haben, und ein lustiges Spiel auf weichem, schönem Plan ist auch nicht möglich.

Du fragst vielleicht, ob es denn dort kein Gras giebt, wie hier zu Lande? — Gräser genug, antworte ich, aber das sind Alles vornehme Leute, wollen gleich hoch hinaus, treiben Stengel doppelt so lang wie ein Mann und noch länger, dabei so dick wie ein Finger oder gar wie ein Arm. Und viele haben an den Blättern und Blütenrispen abscheuliche Stacheln und Haken, ritzen Gesicht und Hände Demjenigen blutig, der hindurch muß, stechen sich in die Kleider ein und verwunden die Haut. Die Reisenden müssen in manchen Gegenden sogar besondere Zängelchen bei sich führen, um sich Abends die Dornen auszuziehen, mit denen sie von den Gräsern während des Marsches gespickt wurden. Selbst die Pferde und Ochsen mögen nicht gern durch jene hohen Graswälder, denn dort lauern Tiger, Leoparden und andere große Katzenarten am liebsten auf Beute. Auch an Schlangen fehlts dort nicht, während wir auf unseren Wiesen nichts haben als Regenwürmer.

Die Gräser unserer Wiesen sind im Verhältniß zu jenen langstengligen Burschen bescheidene, genügsame Leute, die aber bei ihrem Wachsen Fleiß und Ausdauer genug haben und der Welt vielleicht mehr nützen als alle Stachelgräser der Tropen.

An Artenzahl sind ihrer nicht wenig, und wenn du etwas aufmerksam zuschaust, kannst du dir einen hübschen Grasstrauß pflücken, bei dem jeder Halm anders ist (siehe nebenstehendes Bild). Da hast du zuerst das sammtweiche Fuchsschwanzgras (Fig. 1), dann das ähnliche, aber rauhere Lieschgras (Fig. 5). Ihre Aehren sehen fast aus wie die hohen Federstutze der alten Gardesoldaten. Das Ruchgras (Fig. 10) hat auch viel Verwandtes von ihnen, wenn man es nur flüchtig ansieht. Du wirst es sofort durch seinen lieblichen Duft von allen anderen Sorten unterscheiden; der schöne Geruch des Heues kommt vorzugsweise von ihm her.

Wiesengräser. 1 Fuchsschwanzgras. 2 Wiesenrispengras. 3 Knäulgras. 4 Gemeiner Windhalm. 5 Lieschgras. 6 Kammgras. 7 Bartgras. 8 Zittergras. 9 Hohes Schwingelgras. 10 Ruchgras. 11 Wolliges Honiggras. 12 Weicher Hafer.

Mehrere Arten Windhalm (Fig. 4) zeichnen sich durch die feinen Blütenrispen aus, die an zarte Reiherfedern erinnern. Die eigentlichen Rispengräser (Fig. 2) und Schmielen stehen ihnen hierin zur Seite. Das Zittergras (Fig. 8) hängt seine Aehrchen rings an den Aesten auf, wie die Glocken am Schellenbaume der Janitscharenmusik. Die mancherlei Arten von Hafer und Wiesenhafer (Fig. 12) schillern im Sonnenstrahl wie Silber und Gold, und das Honiggras (Fig. 11) erscheint wie von Purpur angehaucht. Das Kammgras (Fig. 6) wird dir interessant durch die kammförmig geschlitzten Deckblättchen seiner Aehren; das Knäulgras (Fig. 3) macht sich sofort kenntlich durch die dichten Büschel, in denen seine Aehren beisammen stehen. Das Bartgras (Fig. 7) spreizt seine Blütenstände wie Finger einer Hand, und über alle hinweg ragt das hohe Schwingelgras (Fig. 9) und schwankt im Luftzuge hin und her, als habe es etwas sehr Wichtiges zu überlegen.

Sie haben auch ein eigenthümliches Schicksal, die deutschen Wiesengräser, und eine sonderbare Natur. Was müssen sie sich nicht Alles gefallen lassen! Im Winter schneien sie ein und das Eis friert über ihnen zusammen. Kommt plötzlich ein Thauwetter, treten Bäche und Flüsse aus ihren Ufern und überschwemmen die Auen, dann stehen die Wiesen tief unter Wasser. Das friert nicht selten wochenlang zu und die Knaben laufen obenauf Schlittschuh und fahren mit dem Schlitten darüber.

Ist der Landwirth ein aufmerksamer, fleißiger Mann, so leitet er wol den Gräsern Wasser zu, wenns ihnen zu trocken wird, oder er legt thönerne Entwässerungs-(Drainage-)Röhren, wenn zu viel Naß da ist. Auf den meisten Wiesen aber müssen die Gräser sich noch behelfen, wie's eben gehen will: Hitze und Kälte, Nässe und Trockniß gewohnt werden.

Wie kummervoll sehen die Wiesen mitunter zu Ende des Winters aus! hier mit Schlamm und Geröll bedeckt, dort mit welken Blättern, abgebrochenen Zweigen und Anderem, just als hätte dort ein Kriegsheer gewüthet! Kaum lockt aber die warme Frühlingssonne einige Tage, so regt sich auch schon wieder das Leben und die Wiese kleidet sich flugs in die Farbe der Hoffnung. Mögen die Eisschollen und die Schneewasser darüber gehaust haben wie sie wollen, drunten im Grunde blieben die Wurzelstöcke der Gräser doch unversehrt. Sie hatten unter der Erde Knospen angelegt und treiben jetzt Sprossen nach oben. Ein Blatt sprießt nach dem anderen und entrollt sich, und jedes hält wieder ein jüngeres wie mit Armen umschlossen, gerade wie ältere Geschwister, welche die kleinsten Brüder und Schwesterchen warten.

Kaum sind einige Wochen vorbei, so wogt Blatt an Blatt auf der Wiese, wie ein grünes Meer. Schaumkraut, Dotterblumen, Orchis, Kukuksnelken und Hahnenfuß blühen dazwischen.

Aber die Gräser möchten nicht blos für den engen Platz allein arbeiten und wachsen, auf dem sie zufällig stehen, sie möchten gern Samen reifen und diesen dem Winde, den vorbeigehenden Leuten oder den Vögeln übergeben, oder sonst wem, der so gefällig sein will, ihn weiter zu tragen. Dann könnten aus den Grassamen anderwärts, wo etwa noch ein leeres, wüstes Plätzchen ist, auch Wiesen entstehen, auf denen Ziege und Kuh, Käfer und Schmetterling Etwas fürs liebe Leben fänden. Sie treiben also frisch Blütenhalme empor, schnurgerade nach oben, versehen sie auch absatzweise mit Knoten, damit sie mehr Halt bekommen, und machen sie geschmeidig und biegsam, um beim Regenguß und Windstoß nicht umzubrechen.

Am oberen Halmende fertigen die Gräser ihre Blüten, jedes nach seiner Weise: das eine in einfacher Aehre, das andere in einer zusammengesetzten, dieses in Rispen, jenes in Trauben, wie's eben in ihrer Natur liegt. Bei dem Windhalm stehen die Blütchen einzeln und jedes hat außer den zwei Blütenspelzen auch noch zwei Kelchspelzen. Beim Schwingelgras sitzen sie zu mehreren bei einander und haben die beiden Kelchspelzen drunten gemeinsam. Die einen versehen die zierlichen Spelzen, welche die Stelle der Blütenblätter vertreten müssen, an den Spitzen mit Grannen, andere fertigen sie zugespitzt, noch andere rund oder eingeschnitten, diese silberweiß, andere grün gestreift oder rosa. So viel Grasarten auf der Wiese sind, so viel Verschiedenheiten findest du auch; aber alle haben in den Blütchen drei kleine Staubgefäße (mit Ausnahme des Ruchgrases, das nur 2 hat) und einen Fruchtknoten mit zwei federähnlichen Narben.

Siehst du am heißen Mittag im Mai oder Juni über die blühende Wiese, so kannst du's deutlich bemerken, wie die zierlichen Staubkölbchen aufspringen und das gelbe oder weißliche Pulver herausstreuen, um die Narben damit zu befruchten. Somit hätten sie das Ihre treulich gethan, und der Fruchtknoten fängt an zu schwellen und will den Keim, der drinnen liegt, fertig bauen. — Da kommt der Schnitter! — In der Hand trägt er die Sense wie der leibhaftige Tod, an der Seite den Wetzstein; er wetzt die lange Klinge und mähet die Wiese, — da ists mit allem Wachsen und Samenreifen, mit allem Streben und Treiben vorbei.

Nach wenig Tagen siehst du aber schon, welcher Unterschied zwischen dem Wesen der deutschen Wiesengräser und den Getreidearten vorhanden ist, die aus Asien stammen. Würde der Schnitter Roggen und Weizen abmähen, die eben in der Blüte stehen, so würden die übrigbleibenden Stoppeln und Wurzeln verdorren. Die Wiesengräser haben eine viel zähere Natur und mehr Ausdauer. Sie gleichen muthigen Helden, denen das Unglück die besten Hoffnungen zerstört hat, die aber trotzdem nicht verzagen, sondern alle Kräfte zusammenraffen und die Arbeit von Neuem beginnen.

Kaum sind die abgemäheten Halme auf der Wiese getrocknet, kaum ist der letzte Wagen mit dem Heu von dem kahlen Plane weggefahren, so beginnen auch die Gräser wieder mit Wachsen, besonders wenn ein erfrischender Regen ihnen zu Hülfe kommt. Die geschlagenen Wunden vernarben und aus den unteren Blattwinkeln und Wurzelstöcken schauen neue Sprossen hervor. Die ganze Arbeit wird von vorn angefangen, wie ein Rechenexempel, dessen Ergebniß irrig geworden war. Abermals treiben die Halme und — wiederum fallen sie unter der unbarmherzigen Sense. Ja, in günstigen Jahren werden fruchtbare Wiesen drei-, selbst viermal gemäht.

Solche Behandlung haben sich die Gräser unserer Wiesen seit vielen Jahren müssen gefallen lassen und habens immer noch nicht aufgegeben: Stengel zu treiben und zu blühen, ob es doch einmal gelingen möge, Samen zu reifen!

In ihrer Gesellschaft können natürlich auch nur solche Kräuter gedeihen, welche ebenfalls ein derartig Leben vertragen können. Gewächse, die nur einen Sommer alt werden und sich deshalb jährlich aus Samen erzeugen müssen, finden sich sehr selten darunter, einige kleine Sorten etwa ausgenommen, die am Boden hinkriechen und sich unter der Sense wegbücken können, oder die dann schon reife Frucht haben, sobald die Zerstörerin daherfährt. Die meisten Wiesenblumen sind Kräuter mit ausdauernden Wurzelstöcken, die im Stande sind, aus den unterirdischen Stengeln neue Triebe zu bilden, wenn man ihnen droben den Kopf abschneidet. Sie müssen ebenso gut Winterfrost, Wasserflut und im Sommer den unmittelbaren scharfen Sonnenstrahl aushalten können, wenn sie auf dem Wiesenplan ihre Stelle behaupten wollen; ja selbst gegen ihre Nachbarn müssen sie sich zu wehren verstehen, damit ihnen diese nicht die Nahrung vor dem Munde wegnehmen: drunten die Feuchtigkeit den Wurzeln, droben das Licht den Blüten und Blättern.

Es ist eine lange, prächtige Reihe von Kräutern, welche mit allen jenen erforderlichen Eigenschaften ausgerüstet sind, Alles echt deutsche Landsleute, nur selten ein eingewanderter Ausländer darunter, nicht wie bei dem Unkraut auf dem Getreidefeld.

Gleich im ersten Frühling leuchten ganze Wiesenflächen vom brennenden Goldgelb der Dotterblumen; auf anderen herrschen Hahnenfußarten und Trollblumen vor. Zwischenein mengen sich purpurrothe Knabenkräuter und das lilafarbene Schaumkraut.

Etwas später im Jahre wechselt die Färbung. Weite Flächen leuchten purpurn von Kukukslichtnelken und Feldnelken, dazwischen prahlen die großen blauen Blumen des Wiesenstorchschnabels. Im Hochsommer kommt auch die weiße Farbe mit an die Reihe: Wucherblumen und Hornkraut, Tausendschönchen und Dolden (Möhren, Bibernell, Kümmel), gemeines Labkraut und vor allen die Spierstaude, die man wegen ihrer prächtigen Blütensträuße auch Wiesenkönigin nennt! Hellblau schauen dazwischen Vergißmeinnicht und Wiesensalbei hervor, auch kleine Glocken und Abbißscabiosen; gelb kommen eine Menge Schmetterlingsblumen (Schotenklee, Steinklee, Schneckenklee, Platterbse) und Korbblütler (Habichtskraut, Pfaffenröhrlein), dann Johanniskräuter und Kressen. Hierzu gesellen sich noch eine Menge buntfarbiger Blumen. Selbst nach dem letzten Schneiden im Herbst überziehen sich manche Wiesen noch einmal mit einem hellvioletten Schimmer durch die Blüten der Herbstzeitlose, die den Beschluß des Blumenreigens macht.

Allen den vielen, vielen Gewächsen der Wiese genügt dieselbe Speise, denn sie stehen in einem und demselben Boden, sie trinken dasselbe Wasser und wärmen sich in demselben Sonnenschein, aber trotzdem fertigt jede ihre Blätter und Blüten auf ihre eigene Art, jede färbt sich anders und bei jeder haben auch die Säfte eine etwas andere Beschaffenheit.

Die Gräser sind vorherrschend süß, und nur auf schlechten, versumpften Wiesen kommen die scharfen Riedgräser vor, die der Landmann saure Gräser nennt und nicht wohl leiden mag. Süß sind ebenfalls die Schmetterlingsblumen: die Kleearten und Wicken, gewürzhaft zeigen sich die Dolden: Kümmel, Pastinaken und Möhren, ebenso die Lippenblümler: Minze und Salbei. Bitter sind die Kuhblumen und andere Korbblütler, schleimig die Nelken, die kleinen Malven und Storchschnabel. Die Ampferarten sind säuerlich, die Knöteriche daneben herbe und die Hahnenfußarten mehr oder weniger scharf, einige sogar ätzend. So haben Kuh und Ziege große Auswahl, wenn sie auf der Wiese botanisiren gehen, und können sich, wie Fürsten, unter den hundert verschiedenen Gerichten diejenigen aussuchen, welche ihnen gefallen. Wird ihnen freilich der Segen der Wiese als Heu im Stalle gegeben, so können sie nicht die Hälmchen einzeln beriechen, sondern müssen sie nehmen, wie sie eben kommen. Die scharfen Hahnenfußarten verlieren aber durch das Trocknen den größten Theil ihres ätzenden Saftes, und selbst die Zeitlosen sind, wenn sie gedörrt worden, nicht so gefährlich wie frisch. Glücklicher Weise sind sie auch nur einzeln darunter.

Sind die Gräser und Kräuter der Wiesen endlich vom Vieh verspeist worden, so werden sie in letzterm zu Fleisch und Blut, zu Milch, Butter und Käse, Haut, Wolle und Horn. Gar manchen ernsthaften Mann giebt es, der bei der blühenden Wiese berechnet: wie viel Pfund Fleisch oder Wolle dort wachsen. Ich meine aber, daß wir Anderen, denen die Wiese nicht als Eigenthum gehört, auch einen großen Vortheil von ihr haben können, wenn wir auf ihr eigenthümliches Leben, Wachsen und Arbeiten achten!

Distelfalter. Pfauenauge. Schwalbenschwanz. Mars.

14.

Wie der Schmetterling sein Kleid erhält.

Es ist kein bunter Schmetterling,
Kein Würmchen im Sommer so gering,
Es findet ein Blümchen, findet ein Blatt,
Davon es ißt, wird froh und satt.

W. Hey.

Wie der Schmetterling sein Kleid macht? das möchtest du gern wissen, denn kein Kaiser und König hat ein so schönes Wams wie er. Oder meinst du vielleicht: das wächst dem Thiere so ganz von selbst und es braucht nichts weiter dabei zu thun, — so sei's eben keine Kunst weiter? In einer Beziehung hast du wol Recht: der Falter bedarf weder Webstuhl noch Schere, weder Nähnadel noch Zwirn, er muß aber gar mancherlei Anderes dabei verrichten, wenn sein Festrock fertig werden soll, und das will ich dir eben erzählen!

Die Schmetterlinge werden nicht selten „faule Bursche" gescholten, die leichtfertig in den Tag hineinleben, ohne Etwas zu schaffen, wie etwa die Biene oder die Ameise. Ein solcher Tadel ist ungerecht und beruht auf einem Irrthum. Allerdings ist ein Schmetterling ein ganz anderes Wesen als eine Biene und hat eine ganz andere Lebensweise als diese, aber er ist darum keineswegs schlechter. In des lieben Gottes großer Familie hat Jedes seine eigenthümliche Art; Jedes thut, wie ihm befohlen ist, und freut sich dann auch in seiner Manier.

Warum baut die Biene die feinen Zellen aus Wachs und trägt den vielen Honig nach Hause? Sie thut es nicht deshalb, damit die Menschen den Zwirnfaden wichsen oder Honigkuchen backen können, — sondern hat zunächst ihre eigenen Kinder und sich selbst dabei im Sinne. Die jungen Bienchen sind höchst hülflose Würmchen, ohne Augen und Beine; sie können nichts weiter thun, als den Mund aufsperren, der immer hungrig ist, und die Alten müssen ihn mit Honig vollstopfen. Für den Schmetterling sorgt in frühester Jugend weder Mutter noch Vater, weder Muhme noch Goldonkel, — er muß sich ganz allein in der Welt forthelfen und ein „selbstgemachter Mann" werden. Er ist in seinen jungen Jahren fleißiger als alle Bienenlarven im Stocke, schafft sich nicht nur Alles, was er zum Großwerden braucht, sondern spart sich sogar im eigenen Körper ein kleines Kapital für die Zukunft auf, um davon leben zu können. In der Jugend ist er unverdrossener Arbeiter, im Alter Rentier, der vom Ersparten lebt. Wer kanns ihm verargen, wenn er nach so viel Arbeit dann in seinen reiferen Tagen sich der schönen Erde auch ein wenig freut, die rings auf Feld und Flur Millionen Blumen trägt, eine immer schöner als die andere und alle vom Sonnenlicht übergossen wie von flüssigem Golde!

Die Mutter des Schmetterlings kann für ihre Familie nichts weiter thun, als daß sie die Eier an einen Ort legt, an welchem die ausschlüpfenden Kleinen auch Nahrung finden. Sie heftet die Eier deshalb auch nicht an die Blätter, welche absterben und vom Winde verweht werden, sondern klebt sie an die Zweige, an die Stammrinde oder ähnliche sichere Stellen.

Die Eierschale ist des jungen Schmetterlings erstes Kleid, seine Windel und sein Kinderröckchen. Manche dieser Eierschalen sind mit allerliebsten Verzierungen geschmückt, so daß sie aussehen wie geschliffene Juwelen. Einige alte Schmetterlinge bedecken auch wol die Eier mit Haaren vom eigenen Körper oder sie überziehen sie mit einem Saft, der an der Luft verhärtet. Sie sehen dann aus wie lackirt und können Kälte und Nässe im Winter um so besser vertragen. Haben aber die Schmetterlingsweibchen ihre Eier gelegt, so ists auch mit ihrem Leben zu Ende; das Fest ist vorbei und sie gehen schlafen. Der große Vater alles Lebens muß auch die Sorge für die kleinen Schmetterlingseier übernehmen.

1. Blaues Ordensband. 2. Segelfalter. 3. Todtenkopf. 4. Stachelbeerspanner.

Nicht wenige derselben werden eine gute Winterkost für Meisen und Baumläufer, es bleiben aber noch genug übrig, um im nächsten Sommer als Schmetterlinge das Feld zu bevölkern. Scheint die Frühlingssonne warm aufs Land und lockt die grünen Blätter aus den Knospen hervor, dann erwacht auch das schlummernde Leben im Schmetterlingsei: aus dem kleinen Dotter erwächst ein winziges Räupchen. Die Sonne selbst versieht dabei die Stelle der Bruthenne und macht ihm auch einstweilen das Futter zurecht, damit es frisches, weiches Gemüse findet, wenn es herauskommt. Das junge Räupchen muß sich selbst aus der Eierschale heraushelfen; es frißt ein Loch durch dieselbe und schlüpft hervor ans Tageslicht.

Siehe, hier am Schlehenstrauch marschirt eine ganze Kolonne solcher winzigen Dinger. Es sind Raupen des Segelfalters (siehe Abbild. Fig. 2). Sie sehen unansehnlich gelblich aus, haben ein blaues Köpfchen, an jeder Seite desselben sechs kleine Augen. Der Brustring ist braun und auf dem Rücken zieht sich ein weißer Streifen. An den vorderen drei Leibesringen stehen drei Paar Brustfüße, hinten sind noch vier Paar Bauchfüße vorhanden. Das Hauptarbeitszeug der Räupchen sind aber die Freßzangen vorn am Kopfe. Mit ihnen zerschroten die Thierchen ein Blatt nach dem anderen und klettern danach bis auf die obersten Zweige des Strauches hinauf. Wird eine vom Winde herunter geworfen, so läßt sie sich die Mühe nicht verdrießen und steigt wieder empor. Dabei droht den hülflosen Wesen von allen Seiten Gefahr. Schlupfwespen schwirren herbei, um sie anzustechen und ihre Eier in sie hinein zu legen; Staare, Sperlinge, Finken und alle die vielen Singvögel, welche um dieselbe Zeit Junge im Nest haben, durchsuchen Feld und Busch nach Raupen, und selbst der Landmann droht ihnen den Tod, wenn sie es sich etwa beikommen lassen, von seinem Kohl zu kosten oder die Obstbäume zu besuchen.

Einige Räupchen sind schon von klein auf mit einem tüchtigen Pelze bekleidet; du kennst ja die schwarzbraune Bärenraupe zur Genüge. Andere tragen dornige Stacheln, wie jene des Pfauenauges, die auf Brennnesseln lebt, ohne sich auf ihnen wehe zu thun. Manche dagegen sind so zart und hülflos, daß sie fast wie Nachtschnecken aussehen, und zwar sind dies gerade die kleineren. Mehrere dieser letzteren Arten fertigen sich ein Futteral, indem sie Holzsplitterchen und Blattkrümchen mit feinen Fädchen zusammenkleben und neue Stückchen ansetzen, wenn sie selber wachsen und das Häuschen ihnen währenddeß etwa zu eng wird.

Haben die kleinen Raupen einige Tage lang tüchtig gefressen, so sind sie schon auffallend größer und dicker geworden. Sie setzen sich dann still an die Aeste und werden ganz blaß, als seien sie krank. Jetzt platzt ihnen oben auf dem Kopfe die Haut entzwei, als hätte ein wilder Indianer sie skalpirt. Die Raupe wackelt hin und her und arbeitet sich aus ihrer eigenen Haut heraus, selbst von den Beinen wird diese mit abgestreift, und es mag ihr keine geringe Anstrengung kosten, den engen Rock auszuziehen. Endlich ist sie von ihm befreit, aber sie scheint auch völlig erschöpft. Die junge Haut ist noch sehr zart und gegen Kälte und Nässe in hohem Grade empfindlich. Tritt zur Zeit der Häutung unfreundliches Wetter ein, so stirbt manches der Würmchen durch Erkältung. Die Ueberlebenden fangen aber die alte Arbeit wiederum an und schneiden von früh bis zum Abend die Blätter klein wie Häckerlingschneider, nur daß sie auch Alles selber verschlucken, was sie geschnitten haben. Vier- bis fünfmal wiederholt sich der ganze Hergang, dann erst sind die Thiere völlig erwachsen und denken ans Einpuppen. Sie spinnen sich einen Strick aus feinen seidenen Fäden und binden sich mit dem Schwanzende am Zweige fest. Ein zweites Seil legen sie rings um den Bauch und schützen sich so gegen das Abfallen. Nun aber verstehen sie es einzuschrumpfen und sich klein zu machen, eine Kunst, die ihnen nicht Jeder so leicht nachmacht. Die Haut wird noch einmal abgestreift, zugleich aber mit dem Arbeitsrock das ganze Handwerkszeug bei Seite gelegt: Augen, Freßzangen und Füße; dann wird die Haut hart, grünlich und goldschimmernd und die Puppe ist fertig. Von dem vielen Futter, welches die Raupe verzehrte, haben sich in ihrem Körper reichliche Vorrathsstoffe aufgespeichert; diese dienen nun dazu, um den Schmetterling mit den schönen Flügeln daraus zu bilden.

Viele Raupen, besonders diejenigen der Abend- und Nachtfalter, begnügen sich nicht mit einem einfachen Faden zum Aufhängen der Puppe, sondern fertigen ein großes, dichtes Gespinnst, einen Kokon, als Schutz gegen Nässe und Kälte; manche kleben auch Erdkrümchen, Holzspäne und Blättchen zusammen, um sich ein Häuschen zu bauen. So kommen sie der Spinne, dem Weber und Maurer gleichzeitig ins Handwerk. Wer möchte die Schmetterlinge noch träge Gesellen schelten, wenn er sich berechnet, wie viele Centner Seide allein jährlich von den Raupen des Seidenschmetterlings gesponnen werden! Es ist aber auch keine kleine Arbeit für die Seidenraupe, ihren Kokon fertig zu spinnen. Zu äußerst macht sie eine Hülle aus Fäden, die sie kreuz und quer legt und mit einander verklebt, so daß sie eine glänzende, zähe Haut bilden. Je weiter nach innen, desto regelmäßiger rollt sie den Faden ringsum. Will man den feinen Seidenfaden abwickeln, so muß man den Kokon zunächst mit kochendem Wasser behandeln, dadurch wird der klebrige Saft beseitigt, welcher die dünnen Fädchen zusammenheftet. Wer etwas Geschick hat, kann aber nachher das ganze Gespinnst in einen langen, langen Faden ablösen, der länger ist als manche Straße einer Stadt, 300 bis 350 m. (900—1000'). Wie vielemal hat sich die Raupe rundum drehen müssen, ehe sie jenen Faden zu Stande brachte! Waren bei jedem Umdrehen etwa 2½ cm. (1'') fertig, so würde dies 12,000 Umdrehungen des Thierchens erfordern. Dasselbe kann's also mit einem Tanzmeister wohl aufnehmen. Das Fädchen ist dabei so fein, daß man 5 bis 7 derselben zusammenfassen muß, um einen haltbaren Faden zu erhalten. Man begreift kaum, wie der Körper der Raupe ausreichte, um den vielen Spinnsaft vorher aufzuspeichern.

Manche Raupen, besonders solche von Nachtschmetterlingen, werden auch in einem Sommer noch nicht fertig mit ihren Vorbereitungen zum Einpuppen. Sie müssen sich dann im Herbst ein sicheres Quartier suchen, um vor den Uebeln des Winters geschützt zu sein. So verstecken sie sich denn ins Moos, unter abgefallene Blätter, oder kriechen hinein in die lockere Erde, kleben Holzstückchen, Sandkörnchen u. dgl. rundum zusammen und machen sich eine Winterhütte daraus, wie ein Eskimo. Dort rollen sie sich zusammen und schlafen, bis sie im Frühjahr droben wieder Etwas für ihren Hunger finden können. Dann fahren sie mit ihrer Arbeit rüstig weiter fort, wo sie im vorigen Jahre aufgehört hatten, bis sie sich einpuppen.

Lange liegt oder hängt die Puppe wie todt, desto reger arbeitet es inwendig in ihr. Das Köpfchen mit den großen, zusammengesetzten Augen und den kleinen Aeuglein auf der Stirn wird fertig gemacht, dazu die Fühler. Die Brust erhält sechs hübsche, schlanke Beine und der Hinterleib ist mit einem Stiel an sie angehängt. Alle diese Theile bekommen ein zierliches Haarkleid. Die Flügel sind noch weich und zusammengefaltet. Jetzt ist es Zeit, die Puppenhülle zerplatzt und der schöne Falter arbeitet sich heraus. Die Nachtschmetterlinge, welche in festem Gespinnst liegen, müssen dieses erst aufweichen und thun solches, indem sie aus ihrem Munde einige Tropfen Flüssigkeit darauf fallen lassen.

Das ausgekrochene Thierchen klettert am Stengel ein Stückchen empor und entfaltet allmählig die großen Schwingen. Sie werden breiter, länger und fester. Und was zeigen sie für eine Pracht! Das zarte Hellgelb ist mit schwarzen Querstreifen kräftig gezeichnet, die Oberflügel sind hübsch ausgeschweift und die Unterflügel laufen in lange Gabelspitzen aus. Sie tragen auch blaue und rothgesäumte Augenflecken. Daß die prächtigen Farben bei allen Schmetterlingen leicht abgehen, weißt du aus Erfahrung, aber besieh dir einmal solche Stäubchen durch ein gutes Vergrößerungsglas und du wirst erst darüber erstaunen, welch' wunderbaren Bau die Fittiche des Thierchens haben. Auf der dünnen, durchsichtigen Flügelhaut haften an beiden Seiten kleine Schuppen, wie die Ziegel eines Daches sich deckend. Jedes solche Schüppchen steckt mit einem feinen Stielchen in einer kleinen Vertiefung des Flügels und ist oft an seinem freien Ende mit Spitzen und Zacken geziert. Bei manchen Schmetterlingen sind diese

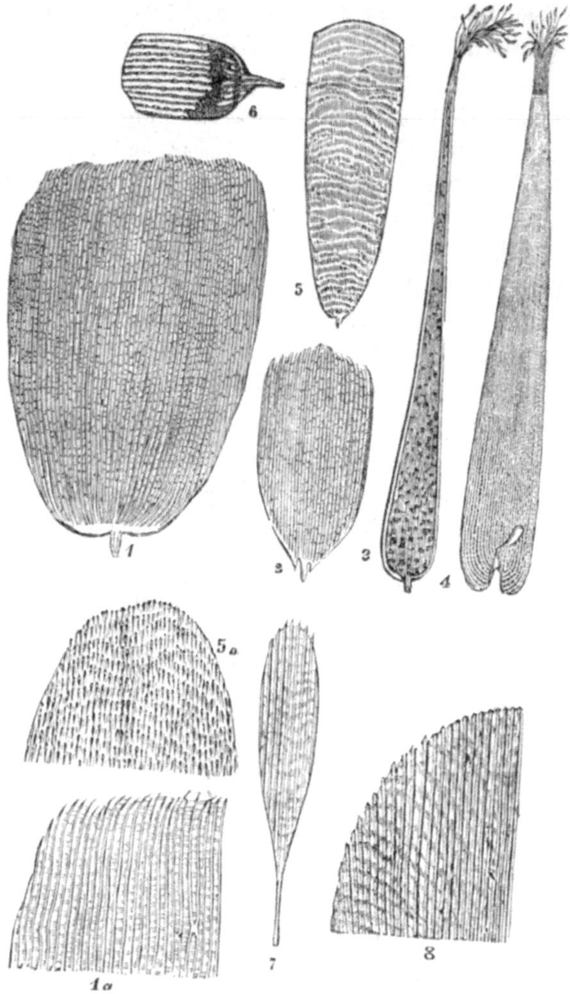

Flügelschuppen
1 vom Menelaus (Morpho Menelaus), 250mal vergr.; 1, a ein Stückchen davon, 500mal vergr.; 2 von Polyommatos Argiolus; 3 von Hipparchia Janira; 4 vom Kohlweißling (Pontia Brassicae); 5 von Podura plumbea; 5, a ein Theil derselben Schuppe 500mal vergr.; 6 von einer blauen Lycaena.

Schüppchen auf beiden Seiten verschieden gefärbt und die Flügel zeigen deshalb ein abweichendes Aussehen, je nachdem man von oben oder von der Seite her darauf schaut. So erscheint der Schillerfalter von vorn braun, von der Seite her rothblau. Jedes Schüppchen zeigt ferner zarte Längsstreifen und noch feinere Querstreifchen.

Die großen Augen des Schmetterlings sind aus vielen kleinen Aeuglein zusammengesetzt; beim Todtenkopfschwärmer (Fig. 3) besteht jedes Auge aus 12,500 kleineren, das Thier hat also deren 25,000.

Wie die Raupen je nach den verschiedenen Arten ihre besonderen Weisen haben, so zeigen auch die Falter mancherlei Eigenthümlichkeiten: die einen tummeln sich im hellen Sonnenschein und trinken mit den langen Saugrüsseln Honig aus den Blumenkelchen, andere (z. B. der Todtenkopf) schwärmen am Abend, noch andere in der Nacht. Von den letzteren ist der kleine Stachelbeerspanner (Fig. 4) wegen seines bunten Harlekinkleides bekannt und das blaue Ordensband (Fig. 1) wegen seiner blaustreifigen Unterflügel. Wie könnten wir auch nur die gewöhnlichsten Schmetterlingsarten hier aufzählen wollen! Haben die Schmetterlingsforscher doch in unserem Erdtheil 4700 verschiedene Arten unterschieden, beschrieben und abgebildet: 500 Tagfalter, 200 Spinner, 300 Schwärmer, 1000 Eulen, 650 Spanner und 2350 kleine Wickler und Motten! Aber alle gleichen sich darin, daß sie als junge Thierchen höchst fleißig in ihrer Art sind, damit ihnen das schöne Kleid erwachse, das sie also mit vollen Ehren tragen.

Seidenraupen.

Das wilde Rind in früherer Zeit.

15.

Das Rind sonst und jetzt.

Und der Rinder
Breitgestirnte, glatte Scharen
Kommen brüllend,
Die gewohnten Ställe füllend.
Schiller.

Es hat schon früher Rindvieh in unserer Heimat gegeben, lange vorher, ehe Menschen im Lande wohnten und zahme Kühe und Ochsen hielten! Man findet hie und da noch Knochenüberreste von jenen alten Thieren im Moosbruch; Bücher der früheren Jahrhunderte erzählen davon und bilden sie ab, und in Schottland sollen noch wilde Ochsen jener Sorte bis vor nicht langen Zeiten gelebt haben.

Es hat nun Mancher gemeint, daß die wilden Rinder in ihrer Freiheit ehedem doch ein herrliches Leben geführt haben müßten, und daß sie es jetzt als Hausthiere ja jämmerlich schlecht hätten. Ehedem sei bei ihnen alle Tage

Schmaus mit Tanzvergnügen gewesen, gegenwärtig hätten sie Noth und Plage ihr Lebtag'; dazu drohe ihnen das Beil des Fleischers, ja schon als Kälbern säße ihnen das Messer an der Kehle.

Daß auf Erden kein Leben ohne Noth und Qual ist, trifft zu, selbst bei dem Rindvieh, — aber ich meine doch, daß das Vieh ehedem noch viel schlimmer dran war als jetzt, und will dir auch sagen, wie ich dazu komme.

Das wilde Rind konnte den ganzen langen Tag hindurch im Sumpfe und auf der fetten Wiese herum waten und sich aussuchen, was ihm gefiel, das ist wahr, aber es mußte auch stets sehr auf seiner Hut sein. Gras'te es, so schlich ihm der starke Bär nach, um es zu packen und zu zerreißen; lag es im Grase und wollte die Mahlzeit wiederkäuen, wie das so bei den Kühen Gebrauch ist, so kamen die Wölfe herbei und hatten Verlangen nach Rinderbraten. Auch der Luchs verschmähte ein Lendenstück nicht, und sein Vetter, der Vielfraß, nahm gern ein Stück Kalbfleisch mit weg, wenn es zu haben war. Es gab also damals der Schlächtermeister gerade genug.

Aber selbst die nahen Vettern des Rindes, die riesigen Auerochsen, machten den Ahnherren unserer Kühe viel zu schaffen. Wo sie auf einem Weideplatz mit ihnen zusammentrafen, da gab es wüthende Kämpfe. Manche Kuh ward dann todtgestoßen, wenn sie nicht eilig die Flucht ergriff, und die jüngeren Ochsen hatten sogar von den eigenen Onkeln und Großonkeln manchen harten Puff zu gewärtigen, wenn sie sich unterfingen, ihnen nahe zu kommen.

Kam nun der Winter, dann stieg die liebe Noth noch viel höher. Der Sumpf war gefroren, die Gräser waren verwelkt und die kleinen Krautspitzen mit Schnee und Eiskrusten bedeckt. Nichts gab es zu fressen als Knospen der Büsche und trockene Reiser. Das ist eine schlimme Kost für einen hungrigen Rindsmagen, und wie viel gehörte dazu, den Pansen nur nothdürftig zu füllen! Da verschwand die Fettwamme vom Halse und durch das struppige Fell schauten alle Rippen hindurch. Manch starker Bulle legte sich todmüde auf den Schnee, die Beine wollten ihn nicht mehr tragen; er ward eine Speise der Raben. Andere fielen durch Krankheiten und durch die Raubthiere, die im Winter noch hungriger und wüthender waren als im Sommer. Im ganzen deutschen Vaterlande mag es damals vielleicht kaum so viel wildes Rindvieh gegeben haben, als jetzt in einer einzigen kleinen Provinz zahmes; deshalb erzählten die alten Schriftsteller auch nur von wenigen wilden Ochsen (die man ehedem Auerochsen nannte, während das jetzt Auerochse genannte Thier ehedem Wiesent hieß).

Wie geht es dagegen dem Rind heutzutage? Kaum ist ein Kälbchen geboren, so ist Freude im ganzen Hause. Wie wird's von dem Bauer gepflegt und gefüttert, wie von den Kindern gehätschelt. Der Hofhund darf ihm nicht zu nahe kommen, sonst droht ihm der Stock oder die Kette. Zwar werden ihrer viel geschlachtet, denn man braucht Coteletten, Fricassé's u. dgl., aber es bleiben doch viel mehr davon leben als ehemals. Hat nicht allein das Alpengebirge der Schweiz gegen eine Million Rindvieh! und wie viele besitzen Holland und die gesegneten Länder Deutschlands!

Das Rind in der Jetztzeit.

Besuchst du ein Dorf oder ein Landstädtchen, so ist das Erste, was du am Morgen hörst, das Horn des Kuhhirten. Du bist vielleicht noch nicht aus dem Bett, da wandeln die schweren, buntfleckigen Kühe schon mit den großen Glocken vor dem Hause vorbei nach der Weide. Sie rufen brüllend die Gefährten, die noch zurück sind. Der Landwirth hat ihnen die schönsten Gräser auf dem Plan angesäet; so speisen sie den ganzen Tag lauter Honiggras, Mannagras, Ruchgras, weißen Klee u. dgl., das ist für eine Kuh eben so wie für ein Kind Braten, Kuchen und Zuckerbrot. Dann können sie sich ohne Sorge niederlegen und der Verdauung pflegen, so lange sie wollen. Der Hirt wacht für sie, sorgt für frisches, gesundes Getränk, ja der Bauer läßt sich's viel Geld kosten und giebt ihnen wol Kleie und Oelkuchen noch in die Näpfe. Des Landmanns Kind hält der Lieblingskuh gelegentlich die besten Bissen dicht vor die Nase; sie braucht nur das Maul aufzuthun, und während sie speist, wedelt das Kind ihr mit dem Laubzweig die Fliegen ab wie einem ostindischen Sultan.

Alle Ungewitter mit Donnern, Blitzen und Hagelschlag mußte das Rind ehedem im Freien aushalten. In der Todesangst rannten die Thiere blind in die finstere Nacht hinein und viele stürzten sich kläglich zu Tode; — jetzt sind sie zur Nachtzeit oder beim Unwetter im sichern Stalle und merken kaum Etwas davon, was draußen vorgeht. Es kam ihnen ehedem wol auch hie und da einmal ein Kleeblümchen mit vor, denn einige Arten davon wuchsen schon wild auf Wiese und Anger, — aber jetzt baut der Landmann fürs „liebe Vieh“ weite, breite Felder voll vom schönsten rothen Kopfklee, der purer Honig ist, daneben blauen Luzern, rosenrothen Esparset, spanische Seradelle, Runkelrüben, Wicken und Hafer. Deckt draußen der Schnee das ganze Gefild und heult der grimmige Sturm um die Giebel, so hat das Rind im warmen Stalle die Krippe voll prächtiges Heu. Da ist weder von Hunger noch von Todesangst und Nöthen die Rede. Natürlich muß das Rind aber auch mitunter ein wenig mit helfen, wenn der Landmann nicht reich genug ist, um Pferde zu seiner Bedienung halten zu können. Die Kuh muß den Pflug und die Egge ziehen und der Ochse den Wagen. Es ist für den starken Burschen aber immer besser, er schafft mit seinen Hörnern und seinem kräftigen Kopfe etwas Nützliches, was ihm selbst auch wieder zu Gute kommt, als daß er seine Kraft nur verwende, sich mit seinen Verwandten herum zu stoßen und das Leben dabei zu riskiren. Die Stärke hatte das Thier ehedem auch schon, aber erst nachdem der Mensch seinen Verstand dazu gab, ward etwas Vernünftiges draus, das beiden zum Frommen gereicht.

Wenn ehedem das wilde Rind von einer Krankheit befallen ward, so war es verloren. Seine Gefährten konnten ihm nicht helfen, achteten auch nicht auf seine Noth. Das Einzige, was sie für einander thun konnten, war, daß sie sich dicht zusammenstellten, sobald Wölfe oder andere Raubthiere einen Angriff auf sie versuchten. Dann bildeten sie wol einen Kreis und nahmen die Kälber und schwächeren Thiere in die Mitte, die alten Bullen hielten ringsum den Feinden die Hörner entgegen. Sie merkten aber das Nahen der Raubthiere durch den Geruch gewöhnlich nur bei trocknem Wetter; war dagegen Nebel oder Regen, so wurden sie leicht überfallen.

Wird ein zahmes Stück Vieh krank, so ist der Landmann schnell bei der Hand, ihm zu helfen. Er kennt mancherlei Mittel, und wenn sein Wissen nicht ausreicht, so weiß der Hirt Rath oder der Thierarzt. Hat man ja doch besondere Schulen im Lande dazu eigens eingerichtet, daß Aerzte fürs Vieh dort gebildet werden. Manch armes Geschöpf ist schon durch die helfende Hand des Menschen vom Tode gerettet worden.

„Aber", sprichst du vielleicht, „am Ende schlachtet der Fleischer doch alle miteinander: Ochsen, Kühe und Kälber, und sie wandern sämmtlich zur Küche in Töpfe und Kessel und das Fell zum Gerber und Schuster." Du hast Recht! Glaubst du aber, daß von dem wilden Vieh vielleicht ein einziges Stück einmal an Altersschwäche gestorben sei? dann wirst du wol irren. Die meisten fielen schon in frühester Jugend durch Ungunst des Wetters und durch den Hunger im Winter. Ward ja ein Stück bedeutend alt, so ward es auch sofort eine Beute der Raubthiere, sobald seine Kräfte anfingen nachzulassen. Ein gewaltsamer Tod ist deshalb von jeher das Schicksal des Rindes gewesen. Der Unterschied besteht nur im Leben, und dies war ehedem täglich mit Noth und Todesfurcht versetzt; heutzutage ist es dem meisten Rindvieh behaglicher gemacht, als selbst manch armem Menschenkind.

Hätte das Rind ein klein wenig Verstand mehr, als es besitzt, so wäre schier Gefahr vorhanden, daß es eitel würde, wenn ihm Einer vorzählte: wie wichtig es sei und was Alles aus ihm selbst nach dem Tode noch werden könnte. Von den ostindischen Kühen, den Zebus, und vom ägyptischen Apis, die gelegentlich sogar göttlich verehrt wurden, wollen wir noch gar nicht sprechen, sondern nur unsers eignen Rindes gedenken.

Wie viele tausend Kinder in Stadt und Dorf jubeln vor Freuden, wenn früh die frische Milch zum Frühstück herbei kommt, oder wenn die Mutter einmal eine größere Menge davon besorgen läßt, um Milchbrei zu kochen oder Pudding und Kuchen zu backen! Daß die Engländer ein so starkes Volk sind, weil sie viel Rindfleisch verzehren, ist bekannt, — wir Deutschen sind aber auch keine Verächter desselben. Butter und Käse gehören ja allerwärts mit zum lieben Brote und zur täglichen Nahrung. Der Talg giebt Kerzen und Seife, das Horn die Kämme und tausend Kleinigkeiten im gewöhnlichen Leben. Auf Rindsleder wandeln die meisten Menschen durchs Leben, wenn sie nicht barfuß gehen oder Holzschuhe tragen, und Viele stecken sogar die Hände in Kalbfell. Das Kalbfell ruft auf der Trommel die Krieger zum Kampfe fürs Vaterland, wie ehedem das Kuhhorn. Aus dem Blut und den Abfällen bereitet man das prächtige Berliner Blau, ja aus dem Dünger, mit dem der Kapbauer sein Zimmer dielt und der Hindu sich heiligt, versteht heutzutage der Chemiker sogar ein Wohlgeruchsmittel herzustellen, das den Duft des Eau de Cologne und des Ambra in sich vereinigt.

Siehst du auf weiter Flur die Herden breitstirniger Rinder dahinwandeln oder auf dem Wiesenplan wiederkäuend ruhen, so werden sie dir als wichtige Mittelglieder im Haushalt der Staaten und Volkswirthschaft erscheinen, denen es obliegt, aus grünem Gras und saftigem Kraut zahllose Dinge zu fabriziren, die des Menschen Kunst ohne sie nimmer zu Stande brächte. Es diente der Mensch dem wilden Rind, als er sich seiner annahm, um es zu pflegen. Der viel stärkere Auerochs ist fast ganz ausgestorben. Es dient wiederum das gezähmte Rind dem Menschen und macht ihm das Leben behaglicher. Eines dient dem Anderen im wohlgeordneten Haushalt.

16.

Das Torfmoos im Moorbruch.

Seit hundert Jahren wimmert nächtlich
Dort einer edlen Gräfin Geist.
Verirrt bei Nacht zum Pfuhl der Unken,
Ist sie mit Wagen und Gespann
Im bodenlosen Moor versunken
Und warnt nun jetzt den Wandersmann.

Langbein.

Wenn Einer aus dem Luftballon hoch vom Himmel hinab auf das Feld schaut, so sieht ihm das ganze Land aus wie ein buntgemaltes Bild: da grüne Wiesen, dort gelbe Felder und rothe Hausdächer. Mitten zwischen den hübschen Figuren, den Vierecken und Streifen sieht er auch einen dunkelfarbigen Klex, das ist der Moorbruch mit schwarzem Schlamm, trüben Wasserlachen und Gräben voll Ungeziefer.

Vor alten Zeiten würde Jeder gesagt haben: das schöne Bild des Heimatlandes hat der liebe Gott selbst gezeichnet und seine lieben Engelein haben es ausgemalt, aber der böse Feind hat den Sumpf darauf gesetzt, wie ein Unkraut aufs Weizenfeld. Wer damals am Moorbruch vorbeiging, besonders bei Abend, schlug sicher drei Kreuze und betete ein Vaterunser und Ave Maria nach dem anderen. Hielten nicht Irrwische und Tückbolde dort ihre Tänze und lockten den Wanderer ins Unglück? Lief nicht dort der Feuermann herum und trug seinen Kopf unter dem Arme? In keinem Falle war's dort geheuer! Man hörte ab und zu das Gewimmer der Freifrau, die einst mit ihrem ganzen Gesinde sich im Sumpfe verirrt hatte und jämmerlich umkam. Wenn die Nebel, vom Luftzug getrieben, über die dunklen Wasserlachen und die Riedgräser zogen, dann hielt der Erlkönig mit seinen Töchtern den Umzug und früh am Morgen sah der Hirt deutlich die Stellen im Grase, von denen sie mit ihren Schleiern und mit den Schleppkleidern den Thau abgestreift hatten.

Ich möchte auch nicht gerne bei Nacht mit dir am Morast auf Entdeckungsreisen ausgehen, das gesteh' ich dir offen, während ich solches im Felde und selbst im Walde nicht scheue. Sumpf und Morast sind Dinge, die keinen Spaß verstehen, am allerwenigsten im Dunkel. Aber wenn wir am hellen Tage nach dem Rande des Bruches marschiren und hier uns hübsch vorsichtig benehmen, mit dem Stock an bedenklichen Stellen stets erst genau prüfen, ob der Grund trägt, und dann erst den Fuß darauf setzen, — dann werden wir an dem verrufenen Klex in der Landschaft schließlich mehr Angenehmes und Interessantes auffinden können, als der Schreibmeister am Klex auf der Mustervorschrift. Wir werden ihn künftig als ein wichtiges Werk des großen Meisters betrachten, und nicht als einen fatalen Fehler im Meisterstück.

Alles Leben im Lande kommt durch das Wasser! Kaum ist's aus der Wolke herab zur Erde geträufelt, so läuft es eilig von Berg zu Thal und immer weiter hinab, bis zum Meere. Allenthalben stiftet's was Gutes, tränkt hier ein Pflänzchen und die Wurzeln des Baumes, dort das schmachtende Thierchen oder das dürstende Kind, das am Ufer sich ausruht. Dann treibt es die Räder der Mühle, trägt die Holzflößen von Stadt zu Stadt und die Schiffe mit hohen Masten und flatternden Wimpeln.

Wird aber dem lustigen, klaren Wasser der Weg verlegt, so wird es verdrießlich. Es dringt aus dem Quellbach weit hin über die Flur und versumpft das Gefilde, besonders wenn Thonboden ihm auch das Eindringen in die Tiefe verwehrt. Seine Fluten werden finster und trübe, wie das Gesicht eines Menschen, der großen Kummer und schwere Sorgen hat. Da dringt's in das Erdreich ein und verwandelt es in lockeren Schlamm; tritt der Wanderer unvorsichtig darauf, so sinkt er ein bis zum Knie oder gar bis über den Hutrand. Es verdirbt dann auch alle süßen Kräuter, die dort standen, sie sterben ab und verfaulen.

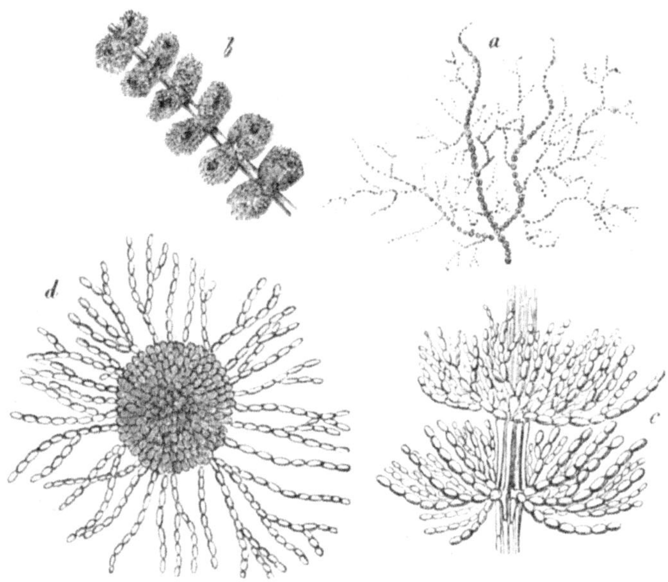

Froschlaichalge (Batrachospermum moniliforme): a in natürlicher Größe, b schwach und c stark vergrößert, d Fruchthäufchen derselben.

Eine Menge eigenthümliche Gewächse sind ausschließlich für den Moorgrund geschaffen und fühlen sich nur in ihm recht behaglich. So triffst du hier gleich im Wassergraben den schlüpfrigen Froschlaichfaden, eine Alge, die du mit einem Papierstück auffangen kannst. Beim Trocknen klebt sie so dicht daran fest, daß es aussieht, als sei sie mit violetter Farbe darauf gezeichnet. Unter dem Vergrößerungsglase zeigt sie dir aber die prächtigsten Zweiglein, die in lauter zierlichen Büscheln beisammen stehen. Auch Schraubenfasern und andere Faden- und Schleimalgen wuchern in den Lachen und auf dem nassen Schlamme ringsum in Menge.

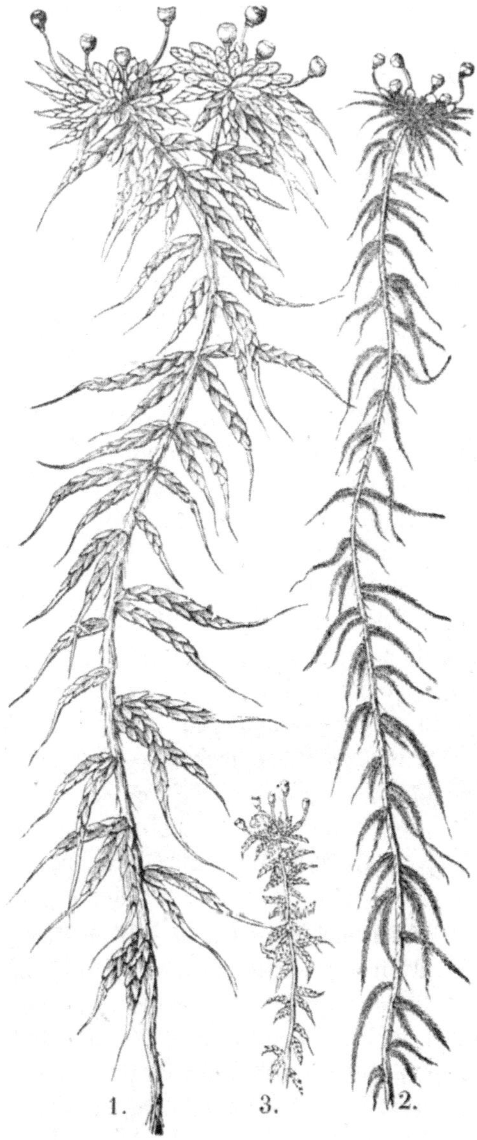

Torfmoose (Sphagnum): 1 kahnblättriges T. (S. cymbifolium), 2 spitzbl. T. (Sph. acutifolium), 3 weiches T. (S. molluscum).

Die Sonne erwärmt die flachen, stehenden Wasser viel stärker als den strömenden Bach und den Fluß und selbst das zarte Wassernetz, das in wenig Stunden Hunderte seiner sonderbaren Zellenmaschen bildet, und die winzigen grünen Weichstäbchen, die so klein sind, daß du sie erst siehst, wenn ihrer einige Tausend beisammen liegen, — sie alle können an solchen Stellen ganz gut gedeihen. Sie plündern das Wasser gehörig aus und nehmen ihm alle Güter ab, die es von den Bergen her mitbrachte. Die hartschaligen Stäbchenpflanzen (Diatomeen) ziehen den Kiesel heraus und formen aus ihm zierliche Panzer, die eine Art wie ein Schraubenband, die zweite gleich einer Juwelenkette, die dritte wie ein Zollstäbchen oder noch anders. Die Armleuchter ziehen den Kalk an sich und legen ihn als Kruste rings um ihre Stengel und quirlförmigen Aeste. Die Dünnfasern arbeiten im Eisenocher, der wie rothe Milch ganze Gräben erfüllt, und von den größeren Gewächsen sucht sich auch jedes Etwas heraus, das ihm gerade besonders gut mundet: etwas Anderes lieben die Erlen und

Weiden, Anderes die Riedgräser und Wollbinsen, die in zahlreichen Arten hier ganze Lachen und Tümpel bedecken.

Wir wollen heute vorzugsweise beim Torfmoose ein wenig verweilen. Es überzieht in großen weichen Rasen den ganzen Grund und schimmert bald grün, bald weißgrau, bald sogar purpurroth, je nach dem Standort. Es ist einer der interessantesten Gesellen des Moores, stellt sich am ehesten in ihm ein, macht sich am breitesten dort und weiß sich in alle seine Launen aufs Trefflichste zu fügen.

An mehreren seiner Rasen siehst du Hunderte von kleinen, schwarzbraunen Köpfchen auf wasserhellen Stielchen hervorragen. Es sind des Torfmooses Früchte! Zahllose braune Stäubchen fliegen heraus, das sind die Samen (Sporen). Zwar ist ein einzelnes davon so winzig klein, daß es dein Auge kaum sieht, doch immerhin groß genug, um zu einer Moospflanze zu werden. So trägt es der Wind nach dem Wasser oder nach dem schlammigen Grunde; es trinkt sich satt und voll und wird zu einem grünlichen Faden. Viele solcher Fäden bilden einen zartsammtenen Teppich, den Vorkeim des Mooses. Von ihnen aus erheben sich Knospen mit Stengeln und Blättern und schmiegen sich zu Rasen dicht neben einander. Ja, es bildet das Torfmoos sogar zweierlei Aeste: die einen legen sich abwärts gerichtet dicht an den Stengel, als wollten sie dem schwachen Träger des Pflänzchens helfen die Last leichter machen und ihn halten; die andern spreizen sich aus, so daß das Moos aussieht wie ein niedliches Bäumchen. Rings um die Zweige sind Blättchen, eines immer feiner als das andere. Bei mehreren Torfmoosarten sind die Blättchen ganz schmal, bei anderen breiter, bei noch anderen an der Spitze gezähnelt. Die einen spreizen sich auseinander, andere schmiegen sich dicht an die Zweige, noch andere sind kahnförmig gehöhlt. Hast du dein Auge gewöhnt, die Formen der Blätter und Zweige genau zu vergleichen, so kannst du in der Heimat gegen 8 verschiedene Torfmoosarten unterscheiden, so ähnlich sie beim ersten flüchtigen Anblick durch ihre Farbe und ihr weiches, wolliges Wesen auch einander zu sein scheinen.

Ein wahres Zauberkabinetchen eröffnet sich dir aber, wenn du ein einzelnes Blättchen vom Torfmoos unter ein Vergrößerungsglas bringst. Dann siehst du die vielen, vielen Zellen, welche es zusammensetzen, jede geschlängelt, von feinen Spiralbändchen durchzogen und sogar mit kleinen Löchern (Poren) versehen, durch welche das Wasser eben so rasch hinein wie heraus kann. Zwischen den größeren, hellen Zellen zieht außerdem noch ein System schmälerer

Zellen hindurch, die unter einander ein besonderes Netzgeflecht darstellen. Jede dieser Zellen ist ein lebendiges Ding, das arbeitet und fleißig ist und das mehr vertragen kann als das fleißigste Menschenkind.

Was ißt es, was trinkt es? Jahr aus Jahr ein nichts weiter als Sumpfwasser und die unsichtbaren Lufttheilchen, die darinnen sind: etwas Kohlensäure, die es zu zerlegen versteht, um neue Blätter und Zweige daraus zu machen. Höchstens genießt es dabei noch ein wenig Sonnenschein und Mondlicht. Es begnügt sich schon mit einem sehr mäßigen Theil Wärme.

Sonnenthau (Drosera rotundifolia).

Scheint im Hochsommer die Sonne zu heiß, so daß die flacheren Sumpfstellen völlig austrocknen, so wird auch das Mooshäufchen dürr und sieht blaß und bleich aus wie eine Leiche, — aber es ist keineswegs todt; denn sobald wieder Regen herabfällt oder ein erfrischender Thau, wacht's auch sofort von seinem Schlafe auf und macht in aller Geschwindigkeit das Blättchen vollends fertig, das es ehedem anfing.

Kommt im Winter der Frost, so friert das kleine Ding zu einem Eisklumpen zusammen, — du könntest es wie einen Schneeball zerklopfen und krümeln. Dies Alles verträgt es, denn sowie im Lenz die Eismassen thauen, ist auch das Torfmoos wieder frisch bei dem Zeuge und wächst in die Höhe und Breite, als sei nichts weiter vorgefallen.

Dabei spielt das Torfmoos für die übrigen Gewächse des Moorbruchs die Pflegemutter, nimmt sich ihrer an, wenn sie noch ganz klein sind, und versorgt manche sogar bis zu ihrem Tode. Auf dem Torfmoosrasen keimt der Samen des Sonnenthau's; in die weichen Polster hinein versenkt er seine Würzelchen und oben darauf breitet sich die wunderschöne Blattrosette mit den purpurrothen Wimperhaaren aus. Daneben wird auch das Fettkraut treulich versorgt, daß es aus den gelbgrünen, breiten Blättern am Grunde den feinen Blütenstiel entwickeln kann, der die veilchenblaue Blume trägt. Das Torfmoos giebt den Samen der Seggen und Simsen, der Binsen und Wollgräser zu trinken, daß sie keimen und wurzeln und nach obenhin Halme mit Blättern und Blüten treiben können. Dem weidenden Vieh wollen zwar die harten, scharfen Gräser des Bruches nicht sonderlich munden und der Landmann schilt letztere deshalb „saure Gräser", — desto lieber aber sind sie dem Naturforscher wegen ihrer vielfach verschiedenen und zierlichen Formen.

Fettkraut (Pinguicula vulgaris).

Außerdem laden sich auch Moosbeeren und Schlangenwurz, Moorheide und Sumpfporst und viele andere Blumen beim Torfmoos zu Gaste, lassen sich von ihm mit Speise und Trank versorgen und während des Winters ihre Knospen durch dasselbe verwahren.

In demselben Grade wie das Torfmoos oben an seinen Spitzen frisch weiter wächst, stirbt das untere Ende seines Stengels allmählig ab. Die unteren Stengeltheile sind lebensmüde, wollen mit dem Wachsen der Pflanze nichts mehr zu thun haben, sondern beginnen auf ihre alten Tage mit dem Sumpfwasser ein eigenthümliches Tauschgeschäft. Als sie noch jung waren, liehen sie vom Wasser Alles, was sie bedurften; jetzt geben sie es ihm mit

Zins und Zinseszins redlich wieder zurück. Sie bestehen vorzugsweise aus Kohlenstoff, Wasserstoff und Sauerstoff. Das Wasser verfährt jetzt wie ein Rechenschüler, der sich im Abziehen übt und zusieht, was übrig bleibt. Es nimmt die beiden letzteren Stoffe vom Ganzen in kleinen Portionen hinweg, verbindet dann den Wasserstoff entweder sofort wieder mit Erdtheilchen, die es aufgelöst in sich enthält, oder läßt die ausgeschiedene Luft (Sumpfgas) nach oben steigen. Du siehst die Perlen vom Grunde aufquellen und als Blasen an der Oberfläche des Wassers zerplatzen; Manche meinen, daß die Irrlichter (Phosphorwasserstoff?) auf solche Weise entstehen möchten, besonders dann, wenn etwas Phosphor im Grunde vorhanden sei. Sicher weiß es noch Niemand, da man trotz aller Mühe bis jetzt noch kein Irrwischchen hat fangen und untersuchen können.

Je mehr durch das Sumpfwasser aus dem Torfmoos Wasserstoff und Sauerstoff weggenommen wird, desto mehr bleibt Kohlenstoff übrig; deshalb wird der Moosrasen unten zunächst braun, dann zerfällt er in schwarzbraunen, lockeren Schlamm, zuletzt wird er fester und bekommt eine tiefschwarze Farbe. Aus dem zerfallenden Torfmoos wird Torf. Die Wurzeln und Blätter der Riedgräser, der Erlen, Weiden und sonstigen Sumpfgewächse mischen sich drunter und helfen die Masse vermehren; so entsteht nach einer Reihe von Jahren ein Torflager. Hat dieses Zeit genug, vielleicht einige Jahrtausende oder noch länger, wird es vielleicht noch dazu von anderen Erdschichten überdeckt und gepreßt, so verwandelt es sich allmählig in Braunkohle und schließlich vielleicht in Steinkohle, Anthrazit und Graphit.

Soll ich dir etwa erzählen, wozu all dieses uns nützt? Du wirst meinen: ich mache mir unnöthige Mühe. Hast du nicht Knöpfe aus Steinkohle an deinem Kleide? Bist du nicht auf dem Dampfwagen gefahren, den die Steinkohlen heizten? Du kannst mir hunderterlei Fabriken und Hüttenwerke aufzählen, die alle ohne Steinkohlen gar nicht bestehen können. Du weißt selbst schon, daß das Petroleum vermuthlich aus den Steinkohlen in der Erde sich bildet, daß das Leuchtgas, welches Straßen und Zimmer erleuchtet, daraus bereitet wird, sowie die Paraffinkerzen und das Solaröl aus den Braunkohlen. Ist ja doch sogar das prächtige Sonntagskleid der Mutter mit köstlicher Farbe gefärbt, die aus dem Steinkohlentheer destillirt ward, zahlreicher anderer Verwendungen gar nicht zu gedenken!

Dasselbe Torfmoos, welches sich durch den Moor ernähren und großziehen ließ, füllt ihn mit der Zeit aber auch aus und verwandelt ihn in fruchtbares Land. Je mehr es in Gemeinschaft mit seinen zahlreichen Genossen Moorerde und Torfschichten absetzt, desto mehr hebt sich der Boden des Sumpfes, desto flacher wird auch sein Wasser. Zuletzt überragt der Grund seine Umgebung und die Gewässer verziehen sich nach tieferen Stellen.

Neben den Torflagern wird gleichzeitig auch der Eisenocher aus dem Moorwasser zum Absetzen gebracht. Du siehst die blauschillernde Haut auf der Lache: dort vereinigt sich der Ocher mit der Kohlensäure der Luft und sinkt dann zum Grunde, um Rasenerz oder Sumpferz zu bilden. Ist ein wenig Schwefel im Wasser vorhanden, wie häufig der Fall (der aufgelöste Gips enthält dergleichen), so bilden sich aus ihm und dem Eisen auch goldglänzende Schwefelkiese. Kommt später der Bergmann, so findet er Erze und Kohlen gleich bei einander und kann sofort den Hochofen versorgen. Alle die großen Lager von Steinkohlen und Eisenerzen, welche jetzt durch Berg- und Hüttenleute ausgebeutet werden, waren vor Alters traurige Sümpfe und Moore. So wird auch der Morast, an welchem wir heute unsere Wanderung ausführten, einst ein Segen des Landes werden und künftige Geschlechter mit Brennmaterial und Metallen versehen.

Dazu gehört freilich ein gut Stückchen Zeit, und sein jetziger Besitzer erlebt's nicht. Will er selbst einen Vortheil vom Moorbruch haben, so muß er's anders anfangen. Er kann den Torf stechen und trocknen, der sich bereits abgelagert hat, kann den Thon, welcher tief liegt, graben und zu Backsteinen formen, durch Gräben mit Schleußen die Fläche trocken legen oder durch Auffüllen das Gebiet erhöhen, wie solches in Holland an vielen Stellen geschehen. Steht ja dort selbst manche große Stadt sogar auf einem Grunde, der ehedem Sumpf war, und zeigt mit ihren Prachtgebäuden und Domen, was der Mensch selbst aus dem Moorbruch zu machen vermag, wenn er es dem Torfmoos an Ausdauer und Unverdrossenheit nachthut.

17.

Wegwespe und Kukuksfliege.

(Ein Bild vom Thierleben am Sandhügel.)

Du Thierchen hast mich ganz entzückt,
Wie bist du klein und doch geschickt!
Wer hat dich nur das Ding gelehrt?
Ich denk': Er, der uns Alle nährt,
Der Jedem giebt, was ihm gebricht.
Vertrau' ihm, er vergißt dich nicht!

Hebel.

Im freien Felde giebt's nicht nur prächtige Morgen und kühle, duftreiche Abende, hier hat auch im Winter der grimmige Wirbelwind sein Jagdrevier, und im Hochsommer sengt und glüht der Sonnenstrahl ungehindert, ohne daß eine Handbreit Schatten ihn milderte.

Wir haben eben die Hundstagsferien im August; es ist Mittag: da führt uns der Weg an der Kiesgrube und am Sandberge vorbei. Ei, wie das Alles flimmert vor Glut! Jedes Sandkörnchen scheint zu einem kleinen Brennglas geworden zu sein; wir fühlen die Hitze des Bodens durch die Sohlen der Schuhe hindurch und haben eine kleine Probe der afrikanischen Sahara, besonders wenn wir in die sandige Grube hinabsteigen, so daß wir nichts mehr vom gelben Weizenfeld sehen. Um dem Haupte etwas Schutz zu gewähren, benutzen wir den Regenschirm als Zelt und machen einen Augenblick Halt. Die Pilgerflasche gewährt uns etwas Labung, und je wärmer das Wasser in derselben ist, desto mehr haben wir einen Vorgeschmack von einer Wüstenreise.

Wir könnten uns die lange Lebensgeschichte eines glänzenden Sandkörnchens vorführen, die vielen Erlebnisse des Feuersteins am Wege oder die Schicksale eines Rollkiesels. Sie alle sind älter als wir beide zusammen, ja betagter als die Rieseneiche im Walde. Sie zählen ihr Leben nach Jahrtausenden. Doch wollen wir dies für ein andermal aufsparen.

Ebenso könnten wir die dürftige Flora des Sandhügels mustern: vom Pfriemengras und Sandhafer an bis zur Hornflechte und dem dickblättrigen Mauerpfeffer. Wir würden auch hier mancherlei Erinnerungen an afrikanische Wadi's und asiatische Steppen auffinden. Statt dessen fesselt uns für jetzt ein Bild aus dem Thierleben: das Treiben der Wegwespe und ihrer prächtigen Begleiterin, der schillernden Goldwespe.

Da, wo die Sonne am heißesten an den Sandabhang anglüht, hüpft mit munteren, lustigen Sprüngen die schlanke Wegwespe (Sphex sabulosa) hin und her. Wo die Luft vor Hitze zittert, ist ihr am behaglichsten; der heiße Sand dünkt ihr so angenehm, wie uns weicher, kühler Rasen. Die feinen Fühlfäden am Kopfe wippern unaufhörlich und der sonderbare, kugelige Hinterleib schwingt an seinem kuriosen langen Stiel auf und ab wie der Taktstock eines Konzertmeisters. Sie ist etwa ein Fingerglied lang, dabei aber schlank und dünn, fast wie die Schlupfwespen. Mit den gemeinen gelben Wespen hat sie weniger Aehnlichkeit, diese sind dickleibiger und plumper. Ihre langen schwarzen Beine tragen eine Menge feiner Häkchen und Stacheln. Wir wollen sie nicht stören, noch viel weniger angreifen, ein schmerzhafter Stich würde uns strafen. Der verletzte Finger würde zwar nicht so heftig anschwellen wie bei dem Stich einer Wespe oder Biene, immerhin aber einige Minuten lang tüchtig schmerzen und brennen.

Sie scheint den sandigen Rand der Grube förmlich zu studiren, wie ein Offizier das Schlachtfeld oder wie ein Baumeister den Plan zu einem neuen Gebäude. Jetzt macht sie Halt; hier hat sie ein passendes Plätzchen gefunden und beginnt sofort mit der Arbeit. Die vorderen Füße scharren einige Sandkörnchen heraus, drücken das Häufchen fest gegen den unteren Theil des Kopfes, die Wegwespe fliegt empor, einige Spannen zurück und läßt dann die Ladung herabfallen. Ein Staubwölkchen wird sichtbar. Sie verfährt wie ein schlauer Gefangener, der einen Fluchtgang gräbt und die Spuren desselben auf's Sorgsamste seinen Wächtern verbergen will. Nicht weit von der Wegwespe wird auch ein solcher Aufpasser bemerklich, das ist die Goldwespe, die jeden Schritt der fleißigen Arbeiterin belauert. Kaum daß du 3 zählst, so ist auch das muntere Ding wieder da, scharrt eine neue Ladung Sand heraus und trägt sie wieder beiseits. So geht's eine Weile ununterbrochen fort. Jetzt ist das Loch schon so tief, daß die Wegwespe mit dem Vorderkörper darin steckt, und nun scheint sie erst eine Quantität Sand loszuarbeiten und dann ihn in kleinen Portionen hinweg zu tragen. Sie verhütet dadurch gleichzeitig, daß er wieder ins Loch zurückrieselt, was leicht geschehen könnte, wenn sie ihn dicht an der Oeffnung aufhäufen wollte.

Hat sie einige Trachten glücklich bei Seite gebracht, so hält sie einige Augenblicke inne, ruht aus und streicht währenddeß die Fühler mit den Vorderbeinen; das ist so eine Lieblingsmanier aller Wespen. Lange hält sie aber nicht Pause, sondern macht sich bald wieder an die Arbeit. Das Loch wird tiefer und tiefer und das Thier kann jetzt schon mit dem ganzen Körper hineinschlüpfen. Dabei kriecht sie jedesmal mit dem Kopfe voran hinein und kommt, ohne sich umzudrehen, mit dem Hinterleibe zuerst wieder heraus.

Endlich scheint die Höhle tief genug zu sein; die Baumeisterin bleibt draußen und läuft am Boden schnell hin und her, als ob sie Etwas suche. Hier faßt sie ein Blättchen an, dort ein Erdkörnchen, wirft es aber bald wieder weg. Sie sind ihr wahrscheinlich nicht passend genug. Jetzt hat sie ein kleines Stückchen Holz aufgefunden, das dieselbe Dicke hat wie der Durchmesser ihrer Höhle. Blitzschnell marschirt das Thier mit seiner Last den Abhang hinauf zur Oeffnung der Einsiedlerhöhle, probirt das Holz in das Loch, — richtig, es paßt ganz vortrefflich, wie abgemessen. Wie ein Meister sich vor das fertige Haus stellt, wenn Richtschmaus gehalten wird, und es noch einmal ansieht, innerlich vergnügt, daß Alles glücklich vollbracht ist, so setzt sich jetzt das Thierchen auch vor sein Kunstwerk und schaut's an, streicht sich die Fühler und nickt behaglich dazu. Nun kommen noch einige andere Holzstückchen und festere Erdkrümchen oben darauf, die das Herunterrollen des Sandes verhüten sollen. Kaum ist dies vollbracht, so schwirrt die Wegwespe auch schon davon — auf die Jagd.

Sie hat die Sandhöhle zu einem Stübchen für ihre Jungen zugerichtet; jetzt zieht sie aus, um auch Proviant einzutragen. Wir würden dem kleinen flinken Dinge nur schwierig folgen können, wie es schnell durch die Halme des Getreidefeldes summt oder drüben im Busche Blatt nach Blatt genau durchsucht, ob sich eine geeignete Beute irgendwo finde.

Die Wegwespe nimmt für sich selbst mit etwas Honig und vielleicht einem Thautröpfchen vorlieb; ihre Kleinen aber, die weißen Würmchen, wollen Fleisch haben, um groß und stark zu werden. Hierin sind die Insekten sehr verschieden. Die Blattwespen, die wir im Walde kennen lernten, fressen als Räupchen nur Grünes, als erwachsene Insekten aber fallen sie gelegentlich andere Fliegen an und verzehren sie; die meisten aber machen es wie die Wegwespen, also umgekehrt. Die letztern suchen Fliegen oder Spinnen auf, auch wol einen jungen Käfer, der eben der Puppe entschlüpft und deshalb noch weich ist. Manche nehmen mit Blattläusen vorlieb. Unser kleiner Baumeister hat eine Spannraupe entdeckt, die am Busche eben ein Blatt ausmißt, ob es auch lang genug ist für ihren Hunger. Die Wegwespe scheint ihrerseits ebenfalls zu berechnen, ob die Raupe wol hinreichend groß sei, um für ihre Kleinen zum Futter auszureichen. Sie ist zufrieden mit ihr und versetzt dem Thiere mit ihrem Stachel einen Stich. Die scharfe Waffe ist hohl und steht, wie bei den andern Wespen, mit einer kleinen Giftblase in Verbindung. Ein wenig Giftsaft fließt beim Stechen mit in die Wunde. Dies Gift ist von ganz eigenthümlicher Beschaffenheit; es tödtet das Thier nicht, sondern betäubt es nur. So liegt es bewegungslos, ohne zu verwesen, und bleibt so lange unverdorben, bis die Larven der Wespe dem Ei entschlüpft sind und es aufzehren.

Die Wegwespe packt die gelähmte Raupe, die vielmal größer ist als sie selbst, und fliegt mit ihr durch die Luft, wie ein Adler mit dem gefangenen Hasen. Sie findet den Weg zur Höhle im Sande richtig wieder und wäre sie auch stundenlang abwesend gewesen. Wahrscheinlich helfen ihr die Fühler dabei eben so gut wie die Augen. Unterwegs ist ihr die Beute mehreremal zu Boden gefallen, da sie gar zu schwer ist; stets hat die Wespe sie aber wieder gefunden und von Neuem aufgenommen. Nun kommt sie am Eingange der Höhle an, legt die Raupe daneben, räumt die Holzstückchen weg, schlüpft rückwärts ins Loch und zieht die halbtodte Raupe geschwind nach. Sie hat es auch nöthig, schnell zu sein, denn nicht alle Weibchen der Wegwespen sind gleich fleißig. Es giebt auch unter ihnen einzelne, die nicht gern selbst auf die Jagd gehen wollen, oder kein Glück dabei gehabt haben, aber doch auch gern eine Raupe für ihre Brut möchten. Diese stehlen dann wol der glücklichen Jägerin den Fang dicht vor dem Munde weg und tragen ihn nach ihren eigenen Löchern.

Hat die Wegwespe die Raupe glücklich in die Sandhöhle gebracht, so legt sie ihr Ei hinzu, verstopft dann die Oeffnung mit den Holzstückchen und Erdkrümchen und scharrt zuletzt wieder Sand darüber hin, so daß Niemand erkennen kann, wo der Schatz vergraben ist. Die Raupe reicht eben aus, damit sich das Würmchen groß fressen und einpuppen kann. Schlüpft im Frühjahr aus der Puppe eine junge Wegwespe heraus, so findet sie den Weg leicht ins Freie und treibt es im nächsten Sommer wieder in ähnlicher Weise, wie ihre Mutter, die im Herbste gestorben ist.

Mitunter aber hat, wie gesagt, die Goldwespe (Chrysis ignita) dem Allen aufmerksam zugesehen und sich das Plätzchen gemerkt. Ist die Wegwespe davongeflogen, so kommt die Goldwespe herbei und scharrt den Sand wieder zur Seite. Sie ist eines der prächtigsten Thiere des Feldes: Rumpf und Kopf schillern so köstlich blau und grün, wie das Gefieder eines Kolibris, der Hinterleib glänzt wie rothes Gold und polirtes Kupfer. Hat sie sich bis zur Raupe hindurchgearbeitet, so schiebt sie ihr eignes Ei neben jenes der Wegwespe, just wie der Kukuk sein Ei ins Nest der Grasmücke oder des Rothkehlchens legt. Man nennt die Goldwespe deshalb auch Kukuksfliege. Die Goldwespenlarve schlüpft bald aus und ist viel gefräßiger als jene der Wegwespe. Sie verzehrt wie ein unartiger Gast dem Wirthe die ganze Mahlzeit vor dem Munde weg, so daß jener umkommen muß. Nur wenn die Raupe hinreichend groß genug war, sättigen sich beide davon und puppen sich neben einander ein. Die alte Wegwespe kennt auch recht gut den schlimmen Gast und macht oft weite Umwege, um nach der Höhle zu kommen, wenn sie merkt, daß jener ihr folgt. Eben so beharrlich ist aber auch die Kukuksfliege und schwirrt hinter ihr her wie ihr Schatten; das gewährt denn ein lustiges Schauspiel am Sandhügel, über welchem du die traurige Wüstennatur der Umgebung vergissest und gern ein wenig Sonnenglut mit in den Kauf nimmst.

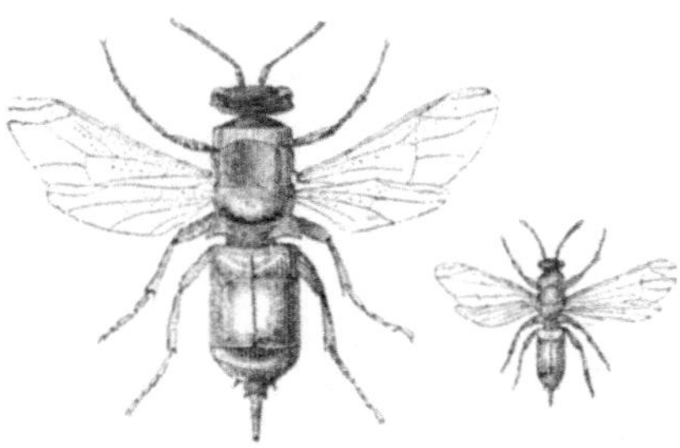

Goldwespe (links vergrößert, rechts nat. Größe).

Schwertlilie im Teiche.

Entdeckungsreisen in Feld und Flur.

Leipzig: Verlag von Otto Spamer.

Wasserschwertlilie.

18.

Die Wasserlilie am Ufer.

Geh' aus, mein Herz, und suche Freud'
In dieser lieben Sommerzeit
An deines Gottes Gaben!
Schau an der schönen Blumen Zier
Und siehe, wie sie mir und dir
Sich ausgeschmücket haben.

P. Gerhard.

Du hast schon von Vielerlei erzählen hören, das aus Wasser gemacht wird, und weißt, daß Wasser zum Kaffee nöthig ist, daß es einen Bestandtheil der Milch bildet und auch im Weine nicht fehlt. Du weißt ferner, daß die kleinen, allerliebsten Schneesternchen aus Wasser bestehen, daß man auf dem Wasser laufen, reiten und fahren, ja selbst aus ihm Häuser bauen kann, wenn es — gefroren ist. Du hast mit Hülfe des Wassers manches schöne Bild gemalt: Fußsoldaten und Reiter, so lange die Farbenstückchen deines Malkastens ausreichten, und hast auch wol aus Wasser und Sand Männer gemacht oder Kuchen gebacken und sie mit Ziegelmehl statt mit Zimmt bestreut.

Jetzt sieh dir einmal die Wasserlilie (Wasserschwertel) etwas näher an und hab' Acht, was diese Alles aus Wasser zu Stande bringt!

Das Wasser muß für zahllose Geschöpfe Mutter und Großmutter zugleich sein, so auch für die Schwertlilie. Es bekommt die Samenkörnchen derselben zur Pflege, sowie diese aus den aufgesprungenen Kapseln herausfallen. Auf dem Grunde des Teiches werden die kleinen Dinger in den Schlamm eingebettet, das ist ihre Wiege. Sie können noch nicht allein essen, das Wasser muß es ihnen bequem machen und in sie hinein dringen. Drinnen giebt es dem schlafenden Keim zu trinken, daß er aufwacht, sich dehnt, streckt und die Schale zersprengt. Jetzt steckt das junge Ding sein Beinchen heraus, das Würzelchen, und stellt sich im weichen Grunde hübsch aufrecht; dann treibt es den Stengel nach oben. Dabei führt ihm das Wasser alles Mögliche herbei, was es braucht: hier ein wenig Kohlensäure, da ein wenig Kalk, dann etwas Kiesel u. s. w.; so werden die Wurzeln im Grunde größer und verdicken sich zu einem derben Wurzelstock. Der Stengel wird länger und treibt Blätter, stets eins auf einmal.

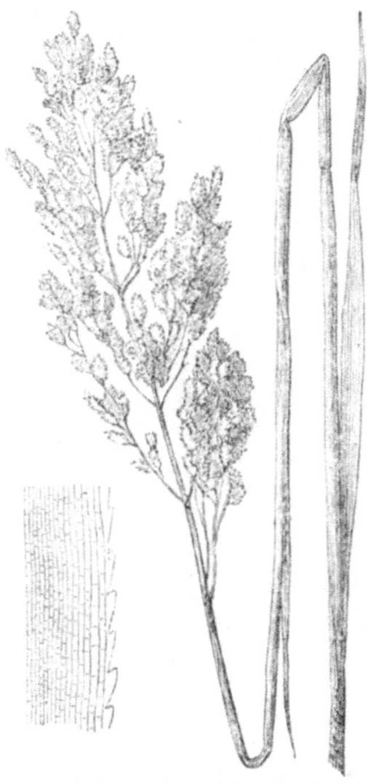

Blütenrispe vom Wasserrispengras; daneben ein Stückchen vom Blattrande desselben vergrößert.

Du hast auch schon versucht, aus Weidenholz dir ein Schwert zu schnitzen, ein zweischneidiges, vorn mit einer Spitze. Siehe, die Schwertlilie hat die Kunst des Waffenschmiedes seit den ältesten Zeiten geübt, schon vor Tubalkain, den man doch gewöhnlich für den ersten Meister im Kriegsgeräth hält. Dabei ist die Blume aber doch gutmüthiger Natur; zwar formt sie jedes ihrer Blätter genau zweischneidig gleich einem Ritterschwert und spaltet es nur am Grunde in zwei Hälften, um den Stengel rings umfassen zu können, allein sie macht weder eine Dornenspitze daran, wie die Distel, noch schneidende Ränder, wie das Wasserrispengras, das neben ihr steht. Sie läßt alle Theile hübsch weich, damit sich Niemand verletze. Hätten die Menschen sich die Schwertlilie als Vorbild genommen, so wäre nicht so viel Blutvergießen und Herzeleid auf Erden geworden.

Bei dem Wasserrispengras sind, wie gesagt, die Blattränder unangenehm scharf, und ich mache dich besonders auf dasselbe aufmerksam, damit du dich nicht verwundest. Ich zeige dir den Rand von einem Blatte desselben durch das Vergrößerungsglas, und du siehst, daß er ganz einer kleinen Säge mit durchsichtigen Zähnen gleicht. Diese Zähne bestehen zum großen Theil aus Kiesel, den das große Gras aus dem Wasser aufgesaugt hat; — es ist darum kein Wunder, wenn sie wie Glassplitter ritzen und dir einen tiefen Schnitt in den Finger machen, wenn du daran entlang streichst.

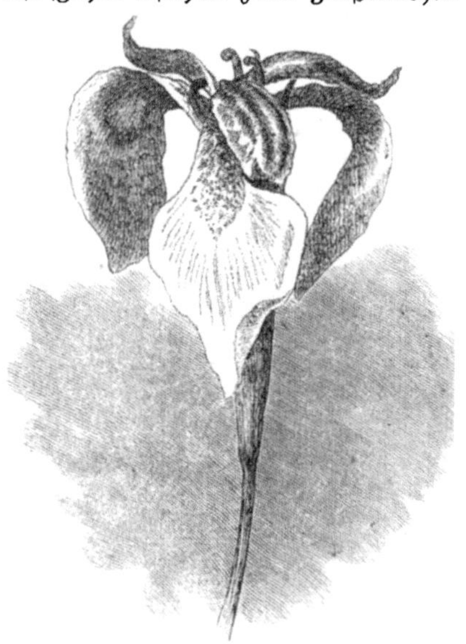

Blüte der Schwertlilie.

So lange die Schwertlilie bei dem Wasser allein in Pflege ist, macht sie nur Blätter, — wolltest du den Pinsel auch nur in Wasser tauchen, so würdest du selbst diese nicht malen können, noch viel weniger eine Blume. Aber du hast schon oft den Regenbogen gesehen und weißt auch, daß seine wunderschönen Farben entstehen, wenn die Sonne in die Regentropfen hinein scheint. Du hast dir manchmal gewünscht, daß du deine Tuschnäpfchen mit den Farben des Regenbogens füllen könntest, denn die sehen doch noch viel prächtiger aus als Karmin, Ultramarin und Zinnober. Die Schwertlilie versteht die geheime Kunst: mit Wasser und Sonnenstrahlen zu malen. Sie trinkt das helle Licht und die warme Luft dazu, und der Stengel bringt von unten das Wasser hinauf; daraus baut sie die Blüten.

Zuerst kommen droben am Stengelende ein paar kleinere Blätter, zu jeder Blüte eines; die nennen die gelehrten Leute Blütenscheiden oder Hüllblätter. Sie müssen wie Mäntelchen die jungen Blütenknospen umgeben, daß ihnen kein Leids widerfährt, so lange sie noch zu zart sind. Allmählig öffnen sie sich aber, und nun guckt die junge Blume neugierig hervor, um zu schauen, wie's in der Welt aussieht. Vom klaren Himmel herab leuchtet die glänzende Sonne, und das helle Licht spiegelt von der Oberfläche des Teiches zurück, als sei dort noch eine Sonne. Die Schwertlilie steht zwischen beiden und ihre Blumen werden so leuchtend goldgelb, als seien sie lebendige Flammen, aus Wasser und Luft und purem Sonnenschein gefertigt.

Rings um sie flimmern die Blumen des Schilfhahnenfußes und der Wasserkresse, sowie die gelben Teichrosen, alle auch in schönem Goldglanz; die Blüten der Schwertel sind aber schöner als alle ihre Nachbarn, größer und hübscher gebaut. Außen hat jede Schwertlilienblüte drei große und breite Blumenblätter, die sich im Bogen zurückschlagen. Auf ihrer Mitte ist nach dem unteren Ende hin (dem Nagel) eine dunklere Zeichnung. An derselben Stelle steht bei den meisten anderen Schwertlilienarten ein Bart, wie es solchen bewaffneten Helden zukommt. Dann folgen drei kleinere Blütenblätter, die aufrecht stehen und schmäler sind; mitunter krümmen sie sich an ihrem Ende zierlich wie Uhrfedern. Ganz in der Mitte siehst du nochmals drei Theile, welche völlig gelben, zarten Blumenblättern ähneln und die sich über die äußeren größeren Blumenblätter herüber legen. Es sind die drei Narben der Blüte. Hebst du sie etwas empor, so bemerkst du unter jeder ein Staubgefäß, das zwischen den beiden weichen Goldblättchen ruht wie ein Königskind in seinem Bettchen. Der Fruchtknoten steht unter den Blütenblättern und wird später zu einer dreikantigen Kapsel, die in drei Klappen entzwei springt, wenn sie reif ist.

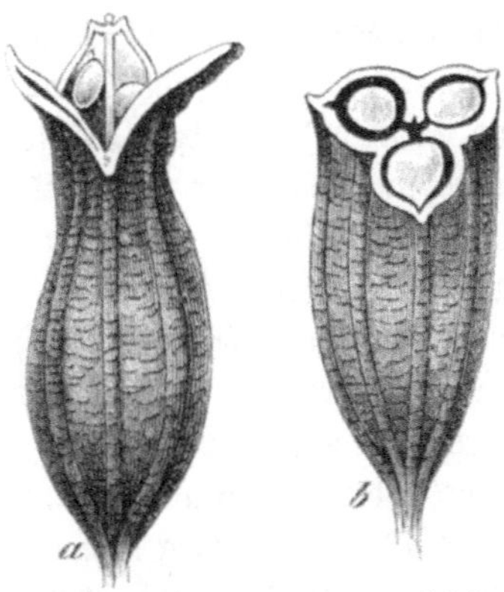

a Fruchtkapsel der Wasserlilie; b dieselbe im Querschnitt.

Für den Pflanzenfreund haben die Narben der Schwertlilie ein ganz besonderes Interesse, da sie deutlich zeigen, daß sie ganz dieselben Grundorgane der Pflanze sind wie die Blütenblätter, nur zu anderem Zwecke bestimmt. Sie sollen ja den Blumenstaub auffangen, und die Fäden, die aus demselben erwachsen, den Samenknospen drunten im Fruchtknoten zuleiten.

Die schöne weiße Teichrose, welche neben der Schwertel aus den Fluten hervorschaut, zeigt in ihren Blumen einen ähnlichen hübschen Uebergang, von den Blütenblättern zu den Staubgefäßen. Die äußern Blätter ihrer Blüte sind breit und rein weiß, höchstens auf dem Rücken etwas grün; die innern dagegen werden schmäler und tragen an ihren Spitzen Anfänge von Staubbeuteln, bis endlich die innersten vollständige Staubgefäße darstellen.

Die Schwestern der gemeinen Wasserschwertlilie begnügen sich nicht mit dem einfachen Goldgelb des Sonnenlichts, sondern spiegeln die ganze Farbenpracht des Regenbogens auf ihren Blütenblättern wieder. Einige Arten strahlen im herrlichsten Blau oder in Roth, viele haben die köstlichsten Schattirungen von allen Farben neben einander. Man hat deshalb die ganze Gattung auch Iris d. h. Regenbogen genannt.

Das Pflücken der Schwertlilie hat aber für das Kind seine Schwierigkeiten. Die alten Märchen erzählten von Wassernixen, die im Teich und im Sumpf wohnen, mitten unter Blumen und Schilf. Ihre obere Hälfte sei eine wunderliebliche Jungfrau mit lächelndem Angesicht, der untere Theil aber endige in einen häßlichen Fischschwanz. Sie verlockten — so erzählte man, — die Menschen zum Wasser und zögen sie dann heimtückisch hinab ins nasse Grab. Die Schwertlilie ist das vollständige Gleichniß jener Wasserjungfrauen! Läßt sich das Kind durch die prächtigen Blüten verlocken, unvorsichtig die Hand nach ihnen auszustrecken, leicht übersieht es dabei den trügerischen Grund und stürzt in die Flut, die es begräbt. Da drunten ist's nur für Fische und Ihresgleichen behaglich, der Mensch aber mag nur an der oberen Hälfte des Wassers nnd an den Gewächsen derselben sich erfreuen. Wage dich deshalb nicht unvorsichtig nahe zur Schwertlilie; bitte lieber den alten Fischer, unsern Freund, darum, daß er dich in seinen Kahn aufnimmt und so dich den Herrlichkeiten der Teichblumen näher bringt.

Während er vom Ufer abstößt, erzählt er dir noch dies und das von der Schwertlilie, denn sie ist die Lieblingsblume des Alten. „Wo Fischer wohnen, blüht auch die Nixenblume!" sagt er; „so wuchs sie auch früher an der Stelle, an der jetzt die Stadt Paris steht. Ehedem war diese ein kleines Fischerdorf am sumpfigen Ufer der Seine. Der winzige Ort ist zur großen Hauptstadt der Franzosen geworden und hat zur Erinnerung an die alte Zeit drei Schwertlilienblüten im blauen Felde als Wappenzeichen behalten; das sind die Lilien des Wappens von Frankreich! Früher haben wir auch manches Bündel Schwertlilienwurzeln für den Apotheker getrocknet. Er brauchte sie als „falschen Kalmus" zur Arznei, sie schmecken herbe und die Färber könnten recht gut mit ihnen schwarz färben, wenn sie Eisenvitriol dazu nehmen. Aus den Blumen könntest du auch gelbe Farbe machen. Die Samen aber kann man über dem Feuer rösten, sie riechen dann angenehm und schmecken etwas bitter. Mancher hat's auch schon versucht, sie statt des Kaffees zu brauchen; der echte schmeckt freilich besser, und sie zu sammeln it umständlich."

Währenddeß gleitet der leichte Kahn gemächlich über den glatten Spiegel des Weihers. Ringsum ziehen die Genossen der Schwertlilie an uns vorbei. Da grüßt uns zunächst der echte Kalmus, dem die Lilie in den Blättern und im Wurzelstock ähnelt; seine Blüten aber sind ein unansehnlicher, gelblich grüner Kolben, der aber um so herrlicher duftet. Auch seine Wurzel hat den gewürzhaften Wohlgeruch, der sie noch jetzt dem Apotheker, Likörfabrikanten und Konditor erwünscht macht. Drunten im Wasser, auf dem Grunde des Teiches, breitet sich ein zartgrünes Gewirr von Wasserstern, Hornblatt und Tausendblatt aus. Mitten auf dem Wasserspiegel schwimmen Laichkräuter und Wassernüsse und die Teichlinsen bilden eine schwankende Decke, die bei jedem Lufthauch erzittert und vor jedem Windstoße weiter wandert. Höher auf ragen das Pfeilkraut, der Froschlöffel, die Blätter der Teichrose, der Ampfer und Knöterich, — noch höher der feinblätterige Wasserschierling, der Merk, dann das schwankende Schilf, die Rohrkolben mit schwarzbraunen Federstützen, das purpurne Blutkraut und der gelbe Weiderich. Sie alle sind die Hofdamen im Krystallpalaste der Wasserlilie, sie selbst ist die goldene Königin darin. Blaue und grüne Libellen spielen die geflügelten Boten, der Schilfsänger giebt großes Konzert und die Mücken halten den Festball. Sie haben aber auch Thorhüterdienste zu thun und mögen es nicht gern leiden, wenn Jemand ihrem Hüpfen und Tanzen zu lange zusieht. Ehe du dich dessen versiehst, hast du einen Stich auf die Hand, dann einen auf die Stirn und jetzt gar einen auf die Nase. Willst du nicht mit aufgeschwollenem Gesichte zurückkehren, so pflücke eilig die Wasserschwertel, lenke wieder zum Ufer und betrachte die liebliche Blume daheim, wo du ungestört bist!

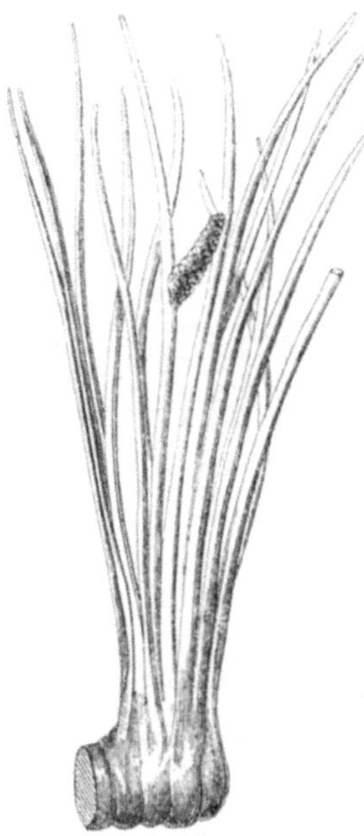

Echter Kalmus.

19.

Der Hecht im Fischteich.

„Ich bin der Herrscher im See,
Ein König im Reiche der Wogen!“
So spricht er und schnellt in die Höh'.
G. Schwabe.

Es ist schon sehr lange her, als der alte Hecht zum ersten Male im Teiche frühstückte, nahe an 100 Jahre. Sie bliesen eben ringsum im Lande Frieden, denn der Siebenjährige Krieg war vorbei, der Hecht fing aber seinen Krieg erst an und kümmerte sich nicht um die Friedensschlüsse der Menschen, sondern verschluckte seinen jüngsten Bruder als erste Mahlzeit. Es waren der Hechtbrüder aber auch außerordentlich viele, gegen 100,000, und wenn der Hecht nicht eine ganze Anzahl seiner eigenen Geschwister verspeist hätte, wären sie später alle zusammen im Teiche Hungers gestorben. Fraß er sie nicht, so thatens die Aalraupen, der Barsch oder ein anderer, und so blieb es doch hübsch in der Familie. Er machte sich auch kein Gewissen daraus und fühlte nicht mehr Reue und Kummer dabei, als wenn ein Knabe einen

Zuckerbonbon verzehrt; dagegen hatte er sein Lebtag mit einem schlimmen Erbübel zu kämpfen, dem Hunger, der ja auch manchem Anderen viel zu schaffen macht, der kein Hecht ist.

Es ist ein sehr schlimmes Ding, wenn Einer nur dadurch satt werden kann, daß er die Anderen auffrißt. Sein Lebtag hatte der Hecht Mühe und Noth dabei und zuletzt sogar noch den Tod davon. Die Karpfen, Karauschen und Schleihen haben es darin doch noch besser. Sie können aus dem Schlamm auf dem Teichgrunde eine Mittagsmahlzeit machen und

1 Hecht. 2 Karpfen. 3 Kaulkopf. 4 Aalraupe.

verzehren höchstens Festtagszeiten ein Würmchen und etwas Gras als Gemüs dazu. Ihre Jungen schwimmen in ganzen Scharen neben der Mutter her und verspeisen den Schleim, den diese ausschwitzt, just wie die Ziegenlämmchen und Kälbchen die Milch ihrer Alten als erste Kost trinken.

Zunächst machte der junge Hecht sich also an die kleinsten Fische im Teiche. Die munteren Gründlinge hatten ihre hellblauen Eier (Laich) an den Steinen des Grundes festgekittet, das gab bequeme Mahlzeiten für den hungrigen Burschen. Erst speiste er Laich, und wie die jungen Gründlinge ausschlüpften und sich eben umsehen wollten, wo sie eigentlich wären, da hatte der Hecht schon ein Dutzend und mehr von ihnen weggeschnappt. Die anderen stoben nach allen Seiten aus einander oder versteckten sich zu den Kaulköpfen unter die Steine.

Die kleinen Fische wurden von Tag zu Tag größer und flinker, und dem Hecht wards schon nicht mehr so leicht, den quälenden Hunger zu stillen. Er mußte Jagdkünste lernen und flink werden oder — verhungern. Nun hatte er zwar vorn dicht an den Kiemen zwei Flossen, am Bauche ebenfalls zwei,

1 Aal. 2 Plötze. 3 Aesche. 4 Rothfeder. 5 Weißfisch. 6 Barbe.

eine Flosse auf dem Rücken und noch eine dieser gegenüber auf der unteren Seite des Körpers, — sie alle halfen ihm aber nur wenig beim Vorwärtsschwimmen, dazu war ihm der Schwanz das Hauptwerkzeug.

Ein Fisch hat sehr viel Aehnlichkeit mit einem Schiff, aber nicht mit einem Ruderboot, sondern mit einem Schraubendampfer. Die Flossen auf dem Rücken und an anderen Stellen des Körpers dienen ihm nur als Steuerruder und zur Erhaltung des Gleichgewichts. Schneidest du einem Fische die Rückenflossen ab, so fällt er auf die Seite. Der Schwanz ist das eigentliche Ruder, das ihn vorwärts treibt; er ist das Hauptstück, durch welches er im Leben weiter kommt.

Die anderen Fische wissen es recht gut, welch ein schlimmer Patron der Hecht ist, und nehmen bei Zeiten vor ihm Reißaus. Sie können ihn zwar nicht aus weiterer Ferne riechen, wie etwa die Pferde den Wolf wittern, denn die Nasen aller Fische sind nicht sonderlich fein; auch vermögen sie ihn nicht weit her zu hören, wie der Hase den Hund. Die Fische machen beim Schwimmen wenig Geräusch und ihre Ohren sind nicht sehr empfindlich, — desto besser aber können sie sehen, selbst drunten in der Tiefe, wo es einem Menschen schwarz vor den Augen wird. Die Fischaugen sind groß und eigens zum Sehen im Wasser gebaut. Der Fisch macht sie auch sein Lebtag nicht zu, denn ihm fehlen die Lider. Die übrigen Fische verstehen ebenfalls trefflich zu schwimmen und können flinke Schwenkungen machen. Jede Art verfährt dabei auf ihre besondere Weise: die einen tauchen rasch nach dem Grunde, die anderen schießen im Bogen dahin, noch andere können blitzschnell linksum und rechtsum machen. Einige vermögen sich sogar über das Wasser hinauszuschnellen, indem sie den Schwanz mit dem Maule fassen und ihn dann rasch loslassen. Die Kaulköpfe können Löcher unter die Steine wühlen und sich verstecken, und die Schmerlen (Schlammbeißer) verstehen die Kunst, sich unsichtbar zu machen, denn sie rühren den Schlamm um, so daß das Wasser ganz trübe wird. Da gilts für den Hecht, noch schneller und schlauer zu sein als sie Alle, sonst bleibt sein knurrender Magen leer und er hat allenthalben nichts als das Nachsehen.

Zum Fassen seiner Beute hat der Hecht gewaltige Reihen sehr scharfer, spitzer Zähne; auch bekommt er sein Lebtag weder Zahnschmerzen noch hohle Zähne. Sind die alten Zähne etwas abgenutzt, so wachsen flugs neue nach. — Ist er mit einem seiner Vettern uneins geworden, hat sich mit ihm herumgebissen und dabei ein Stück von seinem eigenen Fleische eingebüßt, so schadet ihm dies auch nicht sonderlich. Ein Fisch vergießt nie eine Thräne, er schwimmt ja fortwährend im Wasser. Er verzieht selbst das Gesicht nicht; die Schuppen, mit denen er ringsum gepanzert ist, wie ein Ritter aus alter Zeit, lassen schon solches nicht zu. Wenn die Wunden nicht gar zu schlimm sind, so heilen sie bald wieder und es bleibt kaum eine Narbe davon übrig.

Dagegen hat jede Mahlzeit, die der Hecht einnimmt, ihre Fatalitäten. Den Fisch, welchen er einmal gefaßt hat, muß er auch ganz hinunterschlucken, kann weder erst die Gräten ausschälen, noch kann er die Flossen und die

Stacheln abputzen. Die langen, scharfen Hakenzähne dienen wol gut zum Festhalten, aber nicht zum Zerkauen.

Da gilt es denn doch für den Nimmersatt, etwas vorsichtig zu sein, und nicht so blind zu schnappen nach Allem, was ihm etwa vor den Mund kommt! Karpfen, Barben, Brachsen, Lauben, Plötzen und Rothflossen mag er ungestraft verschlucken; die Bitterlinge munden ihm schon nicht besonders, so schön violet und grünstreifig sie auch aussehen. Der Aal und

Der Stichling in seinem Neste.

die Aalraupen verstehen sehr wenig Spaß und weisen dem neugierigen Hechte, der sie gern kennen lernen will, bissig die Zähne. Ist er nicht auf seiner Hut, so kann er bei solchen Entdeckungsreisen selbst verspeist werden, anstatt jene zu verzehren; aber selbst das kleinste aller Fischchen im Teiche, der Stichling, kann ihm verderblich werden. Das Bürschchen ist nicht größer als ein kleiner Finger, dabei aber an den Seiten gepanzert und auf dem Rücken mit drei, am Bauche mit einem scharfen Stachel bewehrt, die er gar geschickt zu gebrauchen versteht. Vorzüglich hat sich der kleine, flinke Gesell darauf eingeübt, seine Rückenstacheln niederzulegen und schnell aufzurichten, wie einen Aderlaßschnäpper. Damit kann er anderen Fischen, die zehnmal größer sind als er selbst, tiefe Wunden schlagen, und wenn ihn der Hecht überrascht und gierig verschlingt, so reißt der Stichling dem Fresser den Schlund oder die Eingeweide entzwei, so daß es sein letzter Bissen ist, den er genossen hat.

Selbst dem Laich des Stichlings kann der Hecht nicht gut beikommen, denn der kleine Fisch wühlt in den Wasserpflanzen eine Höhlung zurecht, in welcher er seine Eier ablegt; dann aber bewacht der kleine Ritter seine Burg und greift jeden Feind wüthend an, der ihr zu nahe kommt.

Der alte Hecht, von dem ich dir erzähle, hatte viele Jahre lang im Teiche sein Wesen getrieben und manches Hundert Fische verspeist: große und kleine. Einmal hatte er auch eine Wasserratte verschlungen, ein andermal ein junges Entchen verschluckt. Er war dabei so lang und so schwer geworden, wie ein zehnjähriger Knabe, und verstand es, alle Angeln und Netze schlau zu vermeiden. Je größer und stärker er aber ward, desto größer ward auch sein Hunger und desto schlimmer sein Uebermuth und seine Frechheit. Hatte er nicht selbst dem Knaben des Fischers einmal ein Stück aus dem Bein gebissen, als dieser am Ufer sich badete? Da ward ihm zuletzt seine Freßgier doch zum Verderben!

Eines schönen Tages schwamm der alte Schwan auf dem Teiche und spiegelte sich in dem klaren Wasser, steckte auch den langen Hals tief hinab in die helle Flut, um sich einen Bissen zu suchen, denn er hatte noch nicht gefrühstückt. Kaum ersieht ihn der Hecht, der sich hinter dem Laichkraut versteckt hielt, so schießt er wie der Blitz darauf los und beißt den Schwan in den Kopf. Der arme Vogel schlägt mit Flügeln und Beinen, kann aber nicht loskommen, denn der Fisch hat in seiner Gier die Zähne fest eingeschlagen und den Kopf schon im Rachen. Der Schwan mußte ersticken, der Hecht starb aber auch, denn dieser Bissen war ihm doch zu groß. So zog denn der Fischer beide hervor aus dem Wasser und brachte den alten Räuber zur Küche, und nun ward endlich der Hecht selbst verspeist zur Strafe dafür, daß er sein ganzes Leben hindurch nichts weiter gethan hatte, als Andere verschlungen.

Weibchen des Wassersalamanders.

20.

Der Wassersalamander.

Alles Lebende muß erst werden und wachsen und reife
Und von Gestalt zu Gestalt führt es die bildende Z
Schiller.

Jeder Teich, jede Wasserlache, ja selbst jeder Sumpfgraben ist während des Sommers zu vergleichen einer Schüssel voll Speise, nur daß jedes lebendige Geschöpf, welches darin wohnt, gleichzeitig auch Gast ist und frei zulangen kann, so viel es bewältigen mag, bis ein Größerer und Stärkerer kommt und es selbst verschluckt.

Einer der interessantesten Bewohner der Wassertümpel, der jedem Kinde Vergnügen macht, ist der Wassermolch oder Wassersalamander, ein Thierchen, das weder giftig ist noch das Kind in den Finger beißt, wie letzteres die Eidechse und Natter thun. Den ganzen Winter über haben die Salamander im schlammigen Grunde sich versteckt gehalten und mit den Fröschen und Kröten um die Wette geschlafen; sowie aber die liebe Sonne im März das Wasser etwas wärmt, wachen sie auf und machen ihren Morgenspaziergang und ihre Frühlingspromenade, schwimmen in dem kleinen Bassin flink hin und her und schlagen dabei das Wasser mit dem Schwanze, ja sie kriechen auch heraus ans Ufer und suchen sich im feuchten Moos und Gras eine Nachtschnecke oder ein Würmchen zum Imbiß.

Zu dem großen Frühlingsfeste, das alle Thiere des Feldes feiern, putzen sich auch die Wassersalamander aufs Beste heraus. Das Orangegelb, mit dem die untere Seite ihres Leibes geziert ist, wird lebhafter und feuriger, und dem Männchen wächst um diese Zeit auf dem Rücken entlang ein zackiger Hautkamm hervor, just so wie man in alten Zeiten den fabelhaften Basilisken und die Drachen abmalte. Für unseren Geschmack sieht dieser eigenthümliche Schmuck freilich etwas sonderbar aus, für den Salamander aber gilt er als höchster Staat, und wer den längsten Kamm hat, mag sich wahrscheinlich nicht wenig darauf zu Gute thun.

Die Salamanderweibchen beschäftigen sich im Frühjahr besonders mit Pflanzenkunde; sie besehen sich den Wasserstern, das Laichkraut, das Hornblatt und was sonst noch in ihrem Lustparke grünt und sproßt, fressen auch nichts davon ab, denn sie halten es nicht mit Gemüse, sondern lieben das Fleisch, wol aber suchen sie sich die hübschesten Blätter aus, um ihren Jungen ein angenehmes Plätzchen zurecht zu machen. In der Mitte des April, wenn die Mutter den Kindern die Ostereier zurecht macht, legt auch die Salamandermutter kleine Eier. Die haben aber keine Schale, wie die Hühnereier, sondern sehen aus wie Schleimklümpchen und sind nur wenig größer als ein Stecknadelköpfchen. Sie werden einzeln an die Blätter geklebt, und Wasser und Sonne müssen sie ausbrüten. Da sie durchsichtig sind, kann man mit dem Vergrößerungsglas genau zusehen, wie das junge Thierchen aus dem Eidotter drinnen wächst und sich ausbildet. Zunächst erscheint es nur als ein Kügelchen, dann wird es länglich und man kann den Unterschied zwischen Kopf und Schwanz schon erkennen. Nach etwa 14 Tagen schlüpft's aus dem Ei aus und versucht ein wenig zu schwimmen. Es wird ihm aber noch schwer, und bald muß es sich wieder aufs Blatt setzen und ausruhen. Der junge Salamander ist noch nicht so lang wie ein halber Fingernagel, dabei so zart und durchsichtig, daß man alle Theile in seinem Innern sehen kann;

das Herz, welches langsam zu schlagen beginnt, dazu die Eingeweide. Das kleine Thier hat noch keine Augen, sondern an der Stelle, wo diese entstehen sollen, zwei schwache Erhebungen. Es besitzt sogar noch keinen Mund, muß also zunächst noch von der Nahrung leben, die es vom Ei her im eigenen Körper trägt. Dazu nimmt es mit den kleinen Kiemenblättchen, welche an beiden Seiten des Kopfes sind, aus dem Wasser ein wenig Luft auf. Beine fehlen ihm noch gänzlich und der Schwanz ist das einzige Werkzeug zu seinem Fortkommen. Sowie ihm nach ein paar Tagen aber der Mund sich öffnet und gleichzeitig die Augen gewachsen sind, fängts auch zu fressen an

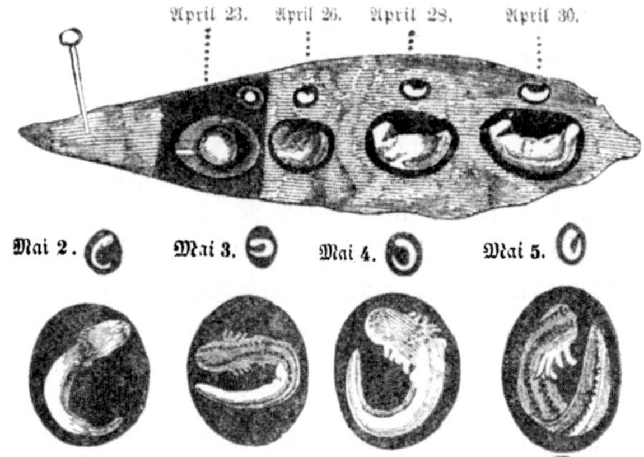

Das Wachsthum des jungen Wassersalamanders; oben ein Blatt mit Laich; die untere Figur ist vergrößert, oben natürliche Größe.

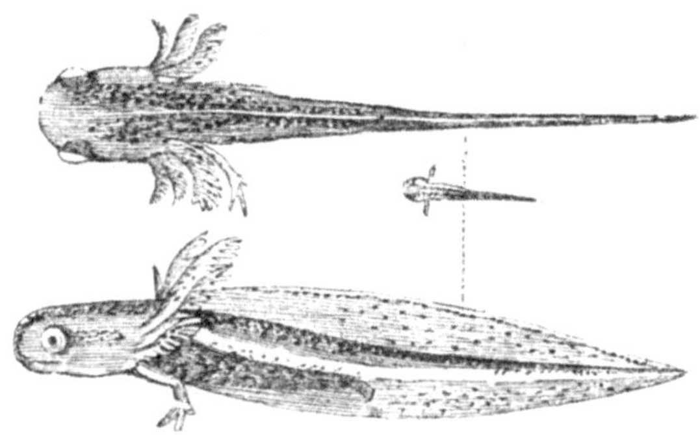
Junger Wassermolch (vergrößert), 14 Tage nach dem Ausschlüpfen.

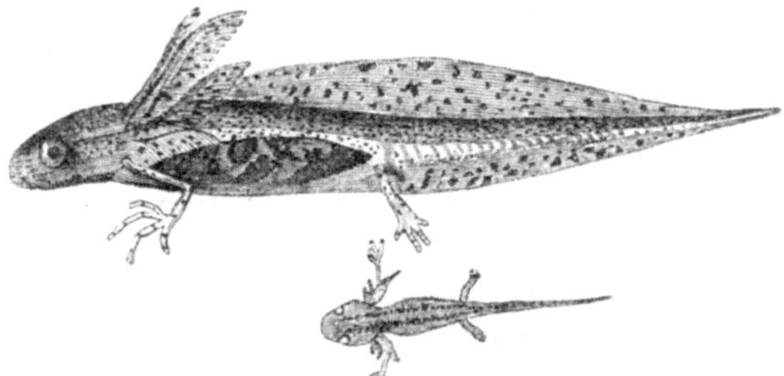
Junger Wassermolch (unten natürliche Größe, oben vergrößert). 5 Wochen nach dem Ausschlüpfen.

und hört den ganzen Sommer über damit nicht wieder auf. An Speise fehlts im Wasser nirgends. Hier schwimmen große Klumpen von Froschlaich, dort lange Schnüre von Kröteneiern. Auch der Laich der Fische ist ein delikater Schmaus für den jungen Salamander und wenn ihm kleinere Geschwister der eigenen Art vor den Mund kommen, verschluckt er auch diese. Dazu sind noch Tausende von Mückenlarven vorhanden, desgleichen von Köcherfliegen, Eintagsfliegen, Libellen und Wasserkäfern. Zu jeder Mahlzeit kann er etwas Anderes haben, wenn er die Abwechselung liebt und sichs suchen will. Infusionsthierchen und junge Wasserschnecken schwimmen zu Vielen herum, er braucht nur den Mund fleißig zu öffnen.

Männchen des großen Wassermolches.

Von solcher reichlicher Speise wächst der junge Salamander tagtäglich größer und wird seinen Eltern auch ähnlicher. Die Kiemen zum Athemholen werden länger und vorn an der Brust wachsen die beiden Vorderbeine hervor, zunächst als zwei Spitzchen, wie bei einer Pflanze zwei Zweige sich bilden; dann erscheinen an jedem Beine zwei Zehen und endlich theilt sich jede Zehe noch einmal, so daß ihrer schließlich an jedem Fuße vier sind. Noch einige Tage später und die Hinterfüße kommen ebenfalls zum Vorschein. Zunächst haben diese auch nur zwei Zehen, dann vier, und zuletzt bildet sich an ihnen auch noch eine fünfte. In dieser Art des Fußwachsthums sind die Wassersalamander gerade das Gegentheil von ihren Nachbarn, den Fröschen und Kröten, denen die Vorderfüße zuletzt wachsen.

Die Thiere des Feldes müssen zu Zeiten für ein wenig Wasser zum Trinken sorgen, die kleinen Schmetterlinge und Fliegen nehmen mit einem Thautropfen vorlieb oder setzen sich an die feuchte Erde, um daran zu saugen, die größeren suchen den Quell auf und den Bach und erquicken sich dort. Die Wasserthiere haben das Naß im Ueberfluß, denn sie leben mitten darin, dagegen müssen sie ihrerseits in ähnlicher Weise für Luft zum Athmen sorgen. Die jungen Wassermolche haben, wie gesagt, anfänglich Kiemen und athmen durch diese die Luft, welche dem Wasser stets in kleinen Mengen beigemischt ist. Die Fische athmen ihr Lebtag auf diese Weise, den Salamandern aber werden die Kiemen später kleiner, sowie sie selbst größer werden. In ihrer Brust bilden sich Lungen aus, ähnlich den unseren; mit diesen können sie nur solche Luft athmen, wie sie für uns auch taugt, atmosphärische Luft; da diese aber im Wasser nicht in hinreichender Menge vorhanden ist, müssen sie von Zeit zu Zeit herauf an die Oberfläche des Wassers kommen und einen Schluck Luft nehmen, gerade

Die Wasserspinne in ihrem Luftschloß.

wie die Landthiere zu Zeiten einen frischen Trunk Wasser genießen. Wollte man einen Molch drunten im Wasser fest binden, so müßte er endlich eben so ersticken wie ein Mensch, der im Wasser liegt. Manchen Wasserinsekten gehts ähnlich, nur wissen sie sich noch auf andere Weise dabei zu helfen. Wasserkäfer und mehrere Fliegenlarven haben in der Umgebung der Löcher, durch welche sie athmen, feine Härchen. Mit letzteren vermögen sie Luftbläschen an der Oberfläche des Wassers festzuhalten und mit unter das Wasser zu nehmen, so daß sie aussehen, als seien sie mit Silberperlen besetzt. Die

Wasserspinne macht sich drunten im Teich zwischen den Wasserpflanzen sogar ein besonderes Luftschlößchen zurecht, fertigt eine Glocke, wie sie der Taucher hat, füllt dieselbe mit Luft, welche sie von oben herab holt, ein Bläschen nach dem andern, und setzt sich dann mitten hinein, wie eine Wasserfee.

Bei dem Schmaus, welcher im Teiche Tag für Tag stattfindet, gehts freilich manchmal bunt genug her. Während die kleine Kaulquappe des Frosches eben eine winzige Schnecke verschluckt, wird sie selbst von einem Salamander verschlungen, und während dieser sich noch über den fetten Bissen freut, schnappt ihm sein eigener Bruder ein Hinterbein weg oder ein Stück von dem Schwanze. Sind die Verwundungen, die es in dem kleinen Kriege setzt, nicht schlimmer, so läßt sich der Salamander noch nicht sonderlich dadurch stören. Ob er ein Bein mehr oder weniger hat, macht nicht viel aus, er frißt ruhig weiter, und nach ein paar Wochen ist das Bein wieder neu gewachsen. Das ist freilich eine Kunst, die sich ein Soldat im Kriege wol wünschen möchte. Man kennt sogar einen Fall, daß ein Wassermolch drei Viertel des Kopfes eingebüßt hatte und fast das ganze Gehirn, der aber trotzdem weiter schwamm und noch Monate lang fortlebte, als sei nichts vorgefallen. In seinem Appetit geht das Thier sogar so weit, daß es sich selbst verzehrt, — wenigstens theilweise. Mehreremale jährlich streift es nämlich seine Haut ab, wie es der Frosch auch thut, — die junge Haut ist währenddeß bereits unter der alten gewachsen. Sowie die letztere aber sich lostrennt, verspeist der Eigenthümer seinen alten Rock, als sei's eine Leckerei, und du magst schwerlich in der Wasserlache eine einzige Salamanderhaut finden, wenn auch Hunderte der buntfleckigen Thiere darin lebten.

Es giebt in unseren Gewässern vier verschiedene Arten Wassersalamander. Die gemeinste von ihnen ist etwa eine Hand lang (15 cm.), die anderen sind kleiner; auch unterscheiden sie sich etwas durch die Färbung und durch die Form des Hautkammes auf dem Rücken. Für das Aquarium deines Zimmers sind sie allerliebste Gesellen, vorausgesetzt, daß du auch für kleines Gethier zu ihrer Speise genugsam Sorge trägst. Sie sind viel angenehmer und zutraulicher als die Erdsalamander, die einen unangenehmen Saft auf dem Rücken ausschwitzen, wenn sie gereizt werden, und sich auch nur träge und verdrießlich weiter bewegen. Freilich können sie nicht so schön singen wie die Laub- und Grasfrösche, oder so ernsthaft läuten wie die Unken. Es besitzt ein Geschöpf nun einmal nicht alle Fähigkeiten zusammen.

21.

Der Feldstein.

Ewig zerstört, es erzeugt sich ewig die wechselnde Schöpfung,
Und ein stilles Gesetz lenkt der Verwandlungen Spiel.
Schiller.

Wo wäre ein Feld ohne einen Stein, wo eine Flur ohne einen Felsblock oder einen kleineren Steinknollen? Für den Landmann ist ein solcher steinerner Gast im Ackerland ein Stein des Anstoßes, und selbst auf der Wiese mag er ihn nicht leiden. Er schafft ihn hinweg an den Wegrand, wenn er nicht gar zu groß ist; ja er läßt sichs Schweißtropfen und Schießpulver kosten, ihn selbst dann noch wegzusprengen, macht Wegsteine daraus oder legt ihn zum Grundstein für die neue Scheune.

Hier am Rande der blühenden Wiese liegt ein solcher mächtiger Block, das Lieblingsplätzchen des Hirten. Wir ruhen auf ihm aus und verwenden die Minuten der Rast zu seiner näheren Betrachtung!

Wenn wir „Feldstein" jedweden Stein nennen, welcher im Felde liegt, so kann unser steinkundiger Freund und Begleiter unter diesen Feldsteinen uns gar vielerlei Gesteinarten unterscheiden lehren. Je nach den Gegenden, in denen wir wandern, kann ein solcher Block bestehen aus Kalk oder Kiesel, aus Gips oder Feldspath; eine Abart des letzteren nennt der

Steinforscher (Mineralog) im engeren Sinne „Feldstein". Wir können ein Stück Gneis vor uns haben oder vielleicht Porphyr, in einem Landstrich finden wir Syenit, in dem anderen Trachyt oder Basalt oder noch anderes. Wer wollte sie alle aufzählen und beschreiben?

Wir wollen, statt uns ein solches Register anzufertigen, diesmal den einen Block näher anschauen, bei dem wir unsern Halt gemacht. Die dreierlei Körner, aus denen er fest zusammengekittet ist, machen ihn leicht als ein Granitstück kenntlich. Die klaren, glasartigen Körnchen sind Kiesel oder Quarz, ganz derselbe Stoff, aus welchem die Kieselsteine und der Sand am Wege bestehen. Die röthlich-gelblichen Theilchen sind Feldspath und die dunklen, flimmernden Blättchen zwischen beiden sind Glimmer.

Darüber, wie ein solcher Granit sich gebildet, wie sich die dreierlei Gesteinsorten zu dieser innigen Kameradschaft vereinigt haben mögen, sind die gelehrten Leute noch verschiedener Meinung. Die Einen halten es für wahrscheinlich, daß alle drei Bestandtheile vor Alters im Innern der Erde bei außerordentlich hoher Glut geschmolzen waren, dann an die Oberfläche hervorquollen und beim allmähligen Erkalten diese Form annahmen. Andere hegen die Ansicht: die drei Bestandtheile wären ehedem als feiner Schlamm aus dem Wasser niedergeschlagen worden, hätten sich nach und nach verhärtet und diese krystallinische Gestalt angenommen. Wir wollen nicht die Gründe aufführen, die jede Partei für ihre Ansicht angiebt. Vielleicht haben sie alle Beide nicht Unrecht, denn es wäre ja möglich, daß mancher Granit der Feuersglut, anderer der Beihülfe des Wassers seine Entstehung verdankt. Das Eine ist sicher, nämlich, daß der Granitblock hier bereits entstand, ehe ein Mensch auf dem Felde den Pflug wendete oder am blumigen Raine spazieren ging. Er ist ein alter Bursche, älter als Adam und Eva, der schon mancherlei Wunderbares durchgemacht haben mag, lange vorher, ehe das Moos und die Flechten sich auf seinem grauen Scheitel niederließen.

Die Feuerleute (Plutonisten) und Wassermänner (Neptunisten) stimmen ferner auch darin völlig mit einander überein, daß ein solcher Granitblock nicht als ein einzelnes, frei daliegendes Stück entstanden sein kann, oben auf Lehmboden oder weicher Ackererde, er muß irgendwo anders seinen Geburtstag gefeiert haben und auf der Wanderschaft hierher gekommen sein. Selbst der Hirt, der auf ihm täglich sein Frühstück verzehrt, hat dieselbe Ansicht und erklärt sichs durch einen Schwank. „Dort drüben", sagt er dir, „wo die vielen Steinblöcke am Bergabhange liegen, wohnten vor alten Zeiten Riesen, hier hüben auch; sie bekamen Streit mit einander und warfen sich mit den Steinen, wie es die Jungen mit Schneebällen und Erdklösen thun. Der eine große hier aber, dieser war dem alten Riesen in den Schuh gefallen, als er über Land ging, er drückte ihn, und an dieser Stelle zog der Goliath den Schuh aus und schüttelte das Korn auf den Weg; da liegts noch heutigen Tages!"

Befindet sich ein solcher Granitblock am Fuß eines Granitberges, dann wird es nicht schwer, seine Herkunft zu enträthseln. Der Winterfrost oder ein Blitzstrahl mögen ihn losgesprengt haben und beim Herabpoltern ist er hierher gerannt, wie es noch jetzt in Gebirgen jedes Jahr vorkommt. Tausende solcher Steinstücke liegen aber über die flachen nördlichen Ebenen unseres Vaterlandes zerstreut, in denen gar nichts von Granitgebirgen zu sehen ist. Höch-

Schwimmende Eisfelsen mit Steinblöcken.

stens ist hie und da ein Kalkzug, ein Sandsteinlager oder ein Hügel aus Kreidemergel. Wie kommen die harten Gesellen dorthin, ohne die helfenden Riesen? Darüber haben die Nordpolfahrer uns Auskunft gegeben. Ihnen begegneten im grönländischen Meere große Eisschollen, die Hunderte von Steinblöcken auf ihrem Rücken trugen. Diese schwimmenden Eisberge sind nicht etwa gefrorenes Meerwasser, sondern es sind Stücke der mächtigen Gletscher an Grönlands Westküste, die „Kälber" derselben, wie die Leute im Scherz sagen. Die Blöcke waren auf sie herabgerollt und wurden auf solchen gewaltigen Omnibussen mit fortgenommen zu einer Seefahrt oft bis nach Neufundland. Schmelzen die Eisberge endlich zusammen, so bleiben die Passagiere dort liegen, wo ihre krystallenen Schiffe zerflossen. Nun wogten über die gesegneten Felder und Fluren unseres Vaterlandes vor Alters aber auch die Fluten des Meeres, das ist sicher. Findet man doch noch jetzt Millionen von Seeschnecken, Austerschalen, Gräten und Zähnen von Fischen

u. dgl. in unseren Hügeln! Und im Norden hat Norwegen ebenfalls Gletscher, ja aller Wahrscheinlichkeit nach in jener Zeit eben so mächtige wie jetzt Grönland. Von dorther kamen dann die Eisberge alljährlich nach Süden geschwommen und waren also die Sommerreisen nach den wärmeren Gegenden schon lange vorher im Schwunge, ehe ein Mensch eine Eisenbahn baute oder eine Postkutsche erfand. Wo die nordischen Eisschiffe geschmolzen sind, das zeigen die Granitblöcke, die wir jetzt finden, und daß ein solches einst auch hier der Fall war, wo wir jetzt sitzen, leuchtet uns ein.

Gescheite Leute, die sich aufs Steinkennen gründlich verstanden, haben sich die Mühe nicht verdrießen lassen, sind nach Norwegen gereist und haben die Gesteine daselbst mit unseren Feldsteinen verglichen. Da fanden sie denn richtig, daß beide ganz gleich sind. Daß jene Blöcke auf unseren Feldern sich ehedem lange herumgetrieben haben, ehe sie das blumige Ruheplätzchen hier fanden, sieht man den meisten auch schon äußerlich an. Sie sind ringsum abgerundet und abgeschliffen, genau so, wie es das Geröll auf jedem Alpengletscher zeigt, das auch ein vielbewegtes Leben führt, ehe es am Fuße des Eisflusses ausruht.

Aber, meinst du wol, nun hat der Granitblock ruhige Tage! Jetzt stößt ihn kein Nachbar mehr, jetzt bespült ihn keine Welle und seine Seiten werden nicht mehr von pressendem Eise zerkritzelt! — Nicht so schlimm mehr wie damals! das ist richtig, — allein Ruhe giebts nirgends im Reiche der Natur, Ruhe wäre Tod und allenthalben findest du nur Leben, wenn auch ein anderes als das deine. Selbst ein Stein ist lebendig in seiner Weise, mit Kräften gefüllt, die zwar eine Zeit lang im Schlummer liegen können, denen aber doch auch ein Auferstehungstag kommt!

Du solltest einmal unseren steinkundigen Freund erzählen hören, was der Alles vom Granitstein zu sagen weiß! Zunächst würde er dir eine lange, lange Liste von Granitsorten vorlegen, bei denen die einzelnen Krystalle bald größer, bald kleiner sind. In der einen Art findet sich mehr Quarz, in der anderen mehr Feldspath u. s. w. Dann sagt er dir von den hübschen Krystallformen, welche jeder der drei Bestandtheile des Granits unter günstigen Verhältnissen annehmen kann: der Kiesel in sechsseitigen Säulen, der Feldspath in schräg vierseitigen und der Glimmer in sechseckigen Blättchen. Zum Schluß nimmt er ein Stücklein vom Stein in den Mörser und unter das Löthrohr, schmilzt es und überschüttet es zur Abwechselung mit scharfen Säuren. Da zeigt sich ein reiches Leben im Gestein. In jedem der scheinbar einfachen Bestandtheile steckt noch eine ganze Schar anderer Gesellen verborgen, die kommen alle hervor und machen sich bemerkbar. Im Kiesel liegt Kieselerde und Sauerstoff im innigsten Verein und benimmt sich bei Verbindungen mit anderen Gesteinen gerade als ob's eine Säure wäre, obschon du mit der Zunge nicht das geringste Saure bemerken wirst. Im Feldspath hat eben solche Kieselerde mit Thonerde eine enge Vereinigung geschlossen, Kali und Kalk sind noch dazugetreten und ein wenig Eisenoxyd hat die gelblich-röthliche Färbung abgegeben. Im Glimmer ist die Sache noch viel zusammengesetzter. Bei ihm kommt zu den Bestandtheilen des Feldspaths noch Manganoxyd, Talkerde und Wasser, — in manchen Sorten auch Flußsäure, Lithon oder Chlor.

In alten Geschichtsbüchern ist mancherlei die Rede von „Geistern, die in der Luft herrschen", von Elfen und Heinzelmännchen, Zwergen und Koboldchen, — Alles kleine Leute, die unsichtbar ihr Wesen in ganzen Scharen treiben und bei stiller Weile fleißig schaffen. Betrachtet man die Geschichte eines Feldsteines etwas genauer, so möchte es Einem fast vorkommen, als ob irgend etwas Wahres an den alten Sagen sei, wenn auch die Wichtelmännchen, die man dabei bemerkt, nicht gerade rothe Röcke mit Tressen tragen und weder Zöpfe noch Allongeperrücken haben.

Die frische Luft im freien Felde enthält stets etwas Kohlensäure, wie der Champagner, — nur viel weniger als dieser. Jeder Athemzug, den du thust, theilt der Luft ein wenig Kohlensäure mit, und von jedem rauchenden Schornstein, jedem vermodernden Körper steigt ebenfalls Etwas davon in das Luftmeer empor. Die Nebelbläschen und Regentropfen trinken gar zu gern von dieser Luftart, jeder Thautropfen enthält wenigstens eine kleine Spur davon. Das kohlensaure Wasser tritt wie ein Gast zu dem ruhenden Stein und beginnt einen kleinen Tauschhandel mit ihm. Die Kohlensäure vereinigt sich mit der Thonerde des Feldspathes und trennt gleichzeitig die Kieselerde aus ihrer bisherigen Verbindung. Der klare Krystall trübt sich, wird weißlich und mürbe, einige seiner Bestandtheile lösen sich in den herabrinnenden Tropfen auf, die anderen zerkrümeln. Freilich gehts nicht so rasch wie bei einem Handel auf Messe und Jahrmarkt, — der Stein hat nicht Eile, die Luft auch nicht, — wird das Geschäft heute nicht abgeschlossen, so ist ein andermal noch Zeit dazu. Auf einige Tausend Jahre früher oder später kommts einem Steine nicht an. Er rechnet sein Leben nach einem anderen Kalender, als wir ihn haben! In manchen Granitgesteinen ist der Feldspath zu einem weißen, zerreiblichen Pulver zersetzt, das ist die berühmte Porzellanerde. Bei dem Verwittern des Gesteines helfen ferner Hitze und Kälte treulich mit. Die erstere dehnt den Stein aus, die letztere zieht ihn zusammen. Die gute, fruchtbare Erde, welche weithin den Acker bedeckt, ist zum größten Theile aus verwitterten Gesteinen entstanden. Lösest du die Flechten oder Moos-häufchen am Granitblocke ab, so wird es dir auffallen, daß unter diesen der Fels am stärksten zerfressen ist. Hier gerade ist am meisten Kohlensäure vorhanden und hier hält sich auch das Wasser am längsten. Jeder neue Regen führt dem Ackerboden eine Kleinigkeit vom Stein zu — der letztere wird kleiner, der erstere mehrt sich, wenn auch nur um eine so winzige Menge, daß es vielleicht erst nach einer Reihe von Jahren die Wage nachweisen könnte. So erscheint uns der Feldstein nun nicht mehr als ein Störenfried in der Flur, als ein Aergerniß, das der böse Geist dem Bauer zum Schaden dorthin gesetzt hat, sondern als eine Quelle für künftige Ackererde. Ein Kaufmann würde sagen: es sei ein „Wechsel", in späteren Zeiten zahlbar, ein „Kapital", das in kleinen Summen abgetragen wird.

Im Boden geht das Verwittern und Zersetzen der Gesteintrümmer dann weiter vor sich und zwar gewöhnlich etwas schneller. Am leichtesten zersetzen sich dann die Theilchen, welche Kali, Natron oder ähnliche Stoffe enthalten. Es ist erstaunlich, was man alles für Dinge in den Gesteinen getroffen hat, von denen man beim bloßen Ansehen nicht die Spur merkt. Da erzählen uns die Scheidekünstler (Chemiker), daß in jedem Ackerland kleine Mengen von Phosphor, Arsenik, Kochsalz, Schwefel u. dgl. stecke, von denen die meisten nach und nach ihre weitere Reise in die Pflanzen antreten, und aus diesen in die Thiere. Wer weiß, ob nicht der Kalk, der die Knochen deines Körpers befestigt, das Eisen, der Schwefel, der Phosphor, welche deinen Leib mit bauen helfen, vor uralten Zeiten einmal Bestandtheile eines solchen Feldsteines waren! Sagt ja doch schon das Bibelwort: „Du bist aus Erde!"

Zugleich giebt dir der Feldstein aber auch einen deutlichen Fingerzeig zu deinem Troste; denn wenn ihm, dem scheinbar leblosen Blocke, eine so herrliche Auferstehung in tausend Blumen, singenden Vöglein und munteren Thieren bevorsteht, — was wird dann wol dein Loos sein, wenn die Mächte des Himmels sich deiner annehmen und dich verklären!

Ein Steinbruch im Muschelkalk.

22.

Die Teichmuschel.

Sie sieht sich stumm
Rings um,
Mit langem Gähnen,
Und streckt die Glieder
Und legt sich nieder.
Schiller.

Die Schnecke ist bekanntlich ein sehr schlechter Wettläufer, jedes Kind weiß es — allein ihre Schwester, die Teichmuschel, marschirt noch viel langamer. Trotzdem hat sie es in ihrem Leben weiter gebracht als mancher Leichtfuß, denn sie besitzt ein Schloß und auch einen Mantel und dies hat nicht Jeder.

Sie ist überhaupt eines der kuriosesten Wesen im Teiche und deren sind doch nicht wenige vorhanden. Die alten Märchen und Spukgeschichten wissen viel von dem Gespenstermann zu erzählen, der am Teiche herumspaziert und seinen Kopf unterm Arme trägt. Die Kunst, ohne Kopf im Leben fortzukommen, versteht die Muschel aber schon seit Erschaffung der Welt her und hat sich immer gut dabei gestanden. Statt eines Hauses, wie die Landschnecke ein solches auf dem Rücken mit sich herumschleppt, hat die Muschel zwei Schalen aus ganz ähnlichem Stoff, und die Stelle, an welcher beide durch Vorsprünge und Vertiefungen in einander greifen, ist eben das Schloß, das wir bereits erwähnten.

Die Muschel ist gewissermaßen ein umgewendetes Säugethier. Während eine Maus und ein Hase die Knochen inwendig haben und das weiche Fleisch drum herum, ist das Fleisch bei der Muschel im Innern, und die festen Schalen, welche die Stelle der Knochen vertreten, sind außen. Es geht auch auf diese Weise. Die Schalen zeigen deutlich zweierlei Schichten, du kennst sie ja längst aus deinem Malkasten (jene stammen von einer Flußmuschel) und findest sie am Ufer fast jedes Teiches gelegentlich liegen. Die äußere Schicht ist bräunlich-grün, fast wie Horn, die innere weißlich und glänzend. Diese innere Schicht ist pure Perlmutter, — bei der Teichmuschel ist sie zwar so dünn und zerbrechlich, daß sie zu nichts weiter zu benutzen ist, wenn's aber bei den Muschelthieren Mode wäre, auf die Verwandtschaft stolz zu thun, so könnte die Teichmuschel es haben. Ihre Schale könnte als guter Beleg für die vornehme Vetternschaft dienen, welche sie hat. So leben in manchen Flüssen und Bergbächen unseres Vaterlandes die Flußperlmuscheln, nahe Blutsfreunde der Teichmuschel, — diese verstehen die Kunst, mitunter Perlen zu fabriziren, die den echten Perlen des Meeres sehr ähnlich sind. Ja, eine besonders schöne soll sogar in die Königskrone von England gekommen sein, andere Prachtstücke soll der sächsische Staatsschatz verwahren. Und eben die echte Perlmuschel, nach der jährlich Tausende von Menschen ihr Leben wagen und ins Meer hinunter springen, trotz aller Haifische und anderer Ungeheuer, sie gehört auch mit zur Sippschaft.

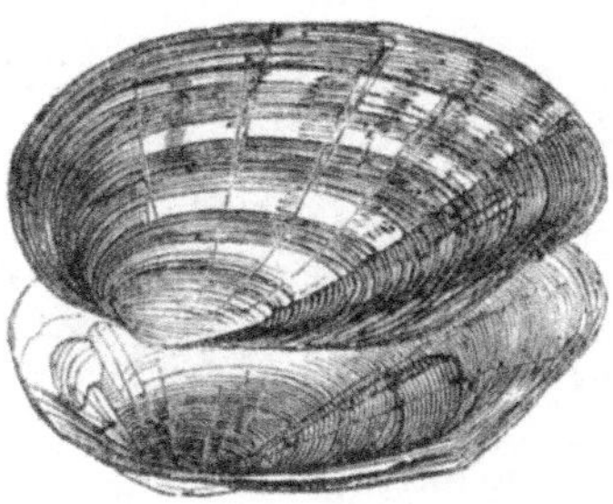

Schalen der Ententeichmuschel.

Aber, wie gesagt, die Teichmuscheln sind noch nicht so weit fortgeschritten, daß sie sich auf ihre Vettern in der Nähe und auf die reichen Onkel in Ostindien Etwas zu Gute thäten, ja sie kümmern sich nicht einmal um ihres Gleichen, obschon sie in ganzen Scharen am Grunde des Teiches beisammen liegen. Jede ist ein Einsiedler mitten in der Gesellschaft.

Das wunderbarste Stück im Besitzthum der Muschel ist ihr Mantel, der den berühmten Zaubermantel des Dr. Faust weit übertrifft. Sie trägt ihn aber nicht außen, wie alle anderen Leute es thun, die einen haben, sondern hat ihn inwendig, unter den Schalen. Er besteht, wie letztere, aus zwei Hälften und gleicht einer schleimigen Haut. Der Saum des Mantels schmiegt sich gern um den Schalenrand, setzt dort Schleimtheilchen ab und vergrößert dadurch die Schalen in demselben Grade, wie das Thier inwendig selber wächst. So macht der Mantel den Maurer und baut der Muschel das Haus, wenn es zu klein wird. Entsteht ja in einer Schale durch einen Unfall ein Loch, so bessert der Mantel es ebenfalls aus und hält darauf, daß Alles in Ordnung ist. Er kann aber noch mehr, denn an seinem Rande entlang stehen kleine Augen, wie bei anderen Mänteln die Knöpfe.

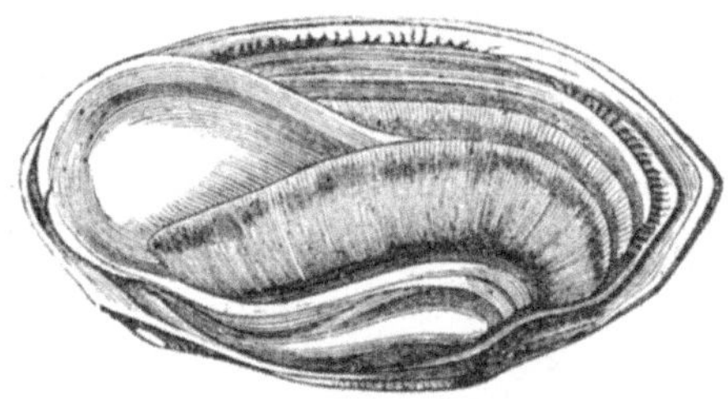
Die Ententeichmuschel (Thier).

Streckt das Muschelthier also nur seinen Mantelrand etwas zur Hausthür hinaus, so weiß es schon genau, was draußen vorgeht. Ja, auch die Ohren sind in dem Mantelsaume gleich mit untergebracht. Freilich sind dieselben anders gebaut wie beim Hasen und Esel, es sind kleine Bläschen mit winzigen Kalkstückchen im Innern, welche fähig sind, den Schall wahrzunehmen. Für den Bedarf des Muschelthieres reichen dieselben aber eben so gut aus, wie die punktförmigen Aeuglein.

Zwischen den beiden Mantelhälften hindurch streckt das Muschelthier einen Muskel (Fleisch) hervor, das ist sein Fuß. Es hat nur einen einzigen, und so ist es kein Wunder, wenns mit dem Laufen nicht so rasch gehen will, wie bei anderen Thieren, die vier oder noch mehr haben. Dazu hat der Fuß des Muschelthieres inwendig keinen Knochen. Er kann sich blos ausstrecken und zusammenziehen, und auf diese Weise schiebt sich das sonderbare Geschöpf auf dem Teichgrunde weiter. Im Verhältniß zur Größe des Thieres ist der Fuß ansehnlich; obschon es aber also fortwährend auf einem großen Fuße lebt, begnügt es sich doch mit einer Nahrung, die selbst ein Bettelmann zur Zeit der Hungersnoth verschmähen würde. Die Teichmuschel verspeist nämlich den schwarzen Schlamm im Teiche, im welchem sie allmählig weiter rutscht und durch eine Furche hinter sich den Weg bezeichnet, welchen sie genommen hat.

Jener Schlamm besteht theils aus vermoderten Pflanzenstoffen, die sich abgelagert haben, theils wimmelt er auch von winzig kleinen Thierchen, die man erst durch das Vergrößerungsglas wahrnehmen kann. Die gelehrten Leute nennen dieselben Infusionsthierchen und haben schon viele Arten davon beschrieben und abgebildet. Die kleinen Wesen vermehren sich außerordentlich schnell; sie theilen sich, wie der berühmte Besen des Zauberlehrlings, in zwei Hälften. Jede der letzteren ist dann wieder ein Wesen für sich und theilt sich nach einigen Stunden von Neuem; da fehlts dem Muschelthiere nicht an Nahrung. Es schluckt den feinen Schlamm ein und befindet sich wohl dabei, wird von Tag zu Tag größer und sorgt auch für Nachkommenschaft. Ein einziges Muschelthier kann 10 bis 20 Tausend (20,000) Eier hervorbringen, von denen jedes wieder ein kleines Muschelthier mit 2 winzigen Schalen enthält. Der große Teich würde in wenig Jahren völlig mit Muscheln zugestopft sein, wenn nur von einigen Thieren sämmtliche Junge leben bleiben wollten. So werden aber die meisten von den Enten und anderen Gästen verzehrt, oft schon ehe sie aus den Eiern ausschlüpfen. Die alte Muschel legt nicht sämmtliche Eier mit einem Male, sondern verwahrt stets nur eine kleinere Partie davon in ihren Kiemen, welche für gewöhnlich zum Athemholen dienen. Hier bleiben die Eier eine Zeit lang, bis die Jungen in ihnen groß genug geworden sind und ausschlüpfen.

Im Innern hat das Muschelthier noch einen Darm mit einer Leber, desgleichen ein Herz, welches aber kein rothes, sondern weißliches Blut enthält. Da, wo die beiden Schalen durch das Schloß zusammengefügt sind, liegen innen auch drei kräftige Fleischbündelchen (Muskeln). Diese sind mit beiden Schalen verwachsen und durch dieselben kann das Thier sein Haus so fest zumachen, daß weder ein Blutegel, noch ein gefräßiger Krebs, noch sonst ein räuberischer Gesell ihm hinein kommt. Nimmt sich's keine Mühe mehr, die Schalen zusammen zu halten, so klaffen sie von selbst aus einander, denn außen am Schloß liegt ein elastisches, sehniges Band, das sie aus einander zieht, wenn das Thier sie nicht zudrückt. Die Schalen klaffen deshalb auch, wenn das Muschelthier gestorben ist. Die Fleischtheile verwesen dann bald und werden von den Infusionsthierchen verspeist, deren Verwandte die Muschel bei Lebzeiten verzehrte. Die Schalen dagegen bestehen aus Kalk und halten sich viele Jahre hindurch. Sie lagern sich auf die Schalen der früheren Geschlechter und der Teichschlamm kittet sie alle zusammen.

Wenn du einmal an einen Steinbruch kommst, in welchem Kalksteine gebrochen werden, so siehe dir die Schichten ein wenig an, aus denen die Steinmassen bestehen. Zwischen den festen Steinflötzen findest du thonige Lager, die verhärtetem Schlamme gleichen, und in ihnen steckt eine Muschelschale neben der anderen. Ja, bei aufmerksamerem Untersuchen wirst du finden, daß selbst viele der härteren Steine nur aus solchen Schalen und Kalk oder Thon zusammengekittet sind. Die Muschelschalen im Steinbruch sind oft noch so schön erhalten, daß du sie mit den jetzt lebenden Muscheln ganz gut vergleichen kannst. In manchen Gesteinlagen findest du Muscheln, wie sie gegenwärtig in Teichen, Flüssen und Süßwasserseen leben, das ist dann Süßwasserkalk, der sich als Bodenschlamm ehedem auf dem Grunde von Süßwasser bildete. Andere stimmen genau mit Meeresmuscheln überein und zeigen unwiderleglich, daß hier, wo jetzt der Steinbruch am Hügel ist, einstmals Meeresgrund war.

Das kleine Muschelthier trinkt zeitlebens Wasser und nützt der Welt dadurch mitunter mehr als Mancher, der Wein trinkt. Es nimmt den Kalk, der im Wasser aufgelöst ist, als Speise zu sich und baut seine Schalen daraus und aus den Schalen bilden sich Erdschichten und Steinflötze. Ganze Gebirge bestehen meilenweit und mehrere Hundert Fuß dick nur aus solchen Schalen.

Der Bach und der Fluß lösen den Kalk in den Bergen auf und führen ihn fort, jährlich viele Centner, — die Berge werden fortwährend ein wenig kleiner. Die Muscheln nehmen dem Wasser seine Beute wieder ab und bauen neue Erdlagen und Gesteinschichten daraus, wie es im Meere die Korallen ebenfalls thun und die Schnecken desgleichen. So kann es kommen, daß an den Stellen, wo jetzt ein Berg ist, nach vielen Jahrtausenden ein Thal mit einem Teich oder Fluß sich befindet und hier, wo jetzt die Teichmuschel auf dem Grunde des Wassers lebt, kann einst einmal der Boden einen Hügel oder Berg aus Muschelkalk tragen. Was hoch ist, kann niedrig werden und die Niedrigen, Kleinen kann der große Baumeister erhöhen, wenns seinem Rathschluß also angenehm ist.

23.

Das Teichhuhn.

Willst du frei und lustig gehn
Durch das Weltgetümmel,
Mußt du auf die Vöglein sehn,
Wohnend unterm Himmel.
Jacobi.

Im Teich giebt's viel Krieg und Streit: ein Fisch frißt den anderen und der größere Wurm verschluckt den kleineren. Im schönen, klaren Teich wohnt aber auch viel Liebe und Frieden, denn dort im Schilf brüten die Vöglein ihre Eier und führen die lieben Kleinen spazieren.

Wenn die Veilchen im Frühjahr an der Hecke lieblich blühen und die Luft milder über den blanken Wasserspiegel weht, kommt das Teichhuhnmännchen von seiner Wanderschaft aus dem Süden wieder zurück. Es fliegt nicht gerade geschickt, sondern nur mühsam, drum wählt es die Nacht zur Reise; es zieht nicht in Scharen, wie Störche und Kraniche, Enten und

Wildgänse, sondern schlüpft einsam, und selten von Jemand bemerkt, durchs weite Land. Früh am Morgen, wenn das Kind am Ufer des Teiches lustwandelt, sieht es das schwarze Huhn mit der weißen Stirn auf den Fluten rudern. Jetzt zuckts mit dem zierlichen Köpfchen munter vorwärts und schlägt das helle Wasser mit den grünen Beinen.

An jeder Zehe sind zu beiden Seiten Hautläppchen; zieht das Huhn beim Rudern die Zehen nach vorn, so schmiegen sich die Häute dicht an einander und durchschneiden die Flut mit Leichtigkeit. Zum Rudern breitet der Vogel dann die Zehen aus einander und die Schwimmläppchen bilden eine Fläche, wie bei den Ruderfüßen des Schwans und der Ente.

Wie flink und schnell kommt das Thierchen auf dem Wasser zurecht! Wie durchspähts jeden Winkel, ob er noch so ist wie im vorigen Jahre. Das Schilf hängt zwar gelb und dürr über dem sumpfigen Ufer, aber drunten kommen schon die jungen grünen Sprossen hervor. Es wird nicht lange währen, so treiben die frischen Halme, mit ihnen die Binsen und Riedgräser und der breitblättrige Ampfer.

Kommst du ein paar Tage später wieder zum Teiche, so findest du bei dem Männchen auch das Weibchen. Es ist später gekommen und ebenfalls zur Nacht eingetroffen. Beide haben sich nach der Wintertrennung wieder zusammengefunden und mögen sich viel zu erzählen haben, denn jedes hat ja eine Reise gemacht. Beide schwimmen jetzt gemeinschaftlich am Schilfe entlang und spähen ein sicheres Plätzchen fürs Nest aus. Sie wählen eine Stelle, die weit ab vom Ufer ist, damit vom Lande aus ihnen Niemand zu nahe kommt, weder Hund noch Katze. Aber auch vom Wasser aus wirst du mit dem Kahne nur schwierig zum Teichhuhnneste gelangen. Die Wasserpflanzen sind so dicht verwebt und durchwachsen, daß das Fahrzeug nur schlecht weiter kann. Dort ist mitten im Schilf ein dichter Büschel aus Halmen; das Huhn tritt herzhaft darauf und stampft mit Füßen und Schnabel Blätter und Stengel hübsch wagrecht. So macht sichs eine schwimmende Insel, trägt noch einige Hälmchen und Blätter darüber und das Nest ist schon fertig. Das Teichhuhn ist kein Baukünstler wie sein Nachbar, der Rohrsänger, der sein Häuschen gar geschickt an den Rohrhalmen aufhängt; es bedarf aber auch keiner größeren Kunst, das einfache Schilfnest auf dem Wasserspiegel reicht ihm schon aus.

Kaum acht Tage ist das Teichhuhnpärchen wieder beisammen und siehe, das Weibchen hat schon ein Ei gelegt. Es sieht blaßgelb aus, etwas ins

Röthliche spielend, und ist mit vielen aschgrauen und dunkelbraunen Flecken und Punkten gezeichnet. Einen Tag um den anderen legt es ein neues Ei dazu, bis ihrer acht oder neun bei einander sind und kein Platz weiter übrig ist. Nun setzt sich das Huhn darauf, und macht sich hübsch breit, um alle zu decken und zu wärmen. Hat's einige Stunden gebrütet, so kommt das Männchen herzu und löst es ab, damit es sich etwas erhole und einige Bissen genieße. Beide Hühner wechseln täglich mehrere Male ab und wärmen die Eier; dies treiben sie fast drei Wochen lang fort, wie das Haushuhn. Endlich am 20sten Tage kommen die Jungen hervor, allerliebste Dingerchen, pechschwarz von Farbe, mit dichten Flaumfedern bedeckt, wie mit einem Sammtpelz. Dabei sind sie aber keine Gelbschnäbel, wie die meisten anderen jungen Vögel, sondern Rothschnäbel. Das ganze Nest ist voll kleiner piepender Bürschchen, die sich an einander drängen und sich unter die Flügel der Mutter verkriechen

Am nächsten Morgen aber wirds den kleinen Wasserhühnern schon zu langweilig im Schilfnest. Vater und Mutter schwimmen auf dem klaren Wasser draußen und locken: „Duck! duck!" das heißt in der Wasserhuhnsprache: „Kommt! kommt!" da plumpt eins nach dem anderen keck ins Wasser hinein und versteht schon das Schwimmen so perfekt, daß es ihm kein Schwimmmeister nachthut. Einige folgen der Mutter, andere dem Vater, denn das Männchen des Wasserhuhns machts nicht wie der Haushahn, der sich um die Küchlein gar nicht bekümmert, so wenig wie ums Ausbrüten. Der Hühnerhahn hat aber auch mehrere Hennen und bei den Teichhühnern lebt nur ein Weibchen und ein Männchen zusammen. Das ist ein allerliebster Anblick, wenn die beiden Alten mit ihrem munteren Schwarme über das Wasser hinziehen. Mitten in das Dickicht von weißblütigem Hahnenfuß geht es hinein, dort giebts Fliegen in Menge, Wasserkäfer und Flohkrebse. Dann wird ein Angriff gemacht auf die Teichlinsen, die wie eine Flotte aus tausend Schiffen vor dem Winde dahersegeln. Hier sitzen junge Schnecken und schleimige Polypen; auch ein vorwitziges Fischchen, das eben erst dem Ei entschlüpft ist, wird weggeschnappt. Weiterhin kommt der Wald aus Laichkraut und Hornblatt. Dort ist das Wasser besonders warm und behaglich, Alles strotzt von Fischlaich und Froschquappen, die noch keine Beine haben, sondern nur Dickköpfe und Schwänze daran. Viele Libellenlarven kriechen noch unter dem Wasser an den Stengeln der Pflanzen, und das alte Wasserhuhn lehrt es den Kindern, wie sie tauchen müssen, um die Leckereien von drunten herauf zu holen.

Das Tauchen ist überhaupt die wichtigste Kunst, die ein Wasserhuhn tüchtig einlernen muß, denn dadurch schützt sichs vor vielen Gefahren. Stößt ein Habicht oder Sperber herab auf das wehrlose Thier, wie der Blitz taucht es unter das Wasser und rudert in der Tiefe ein gut Stück weiter. Wird es vom Jäger verfolgt oder von unartigen Buben, die es mit Steinen werfen wollen, so verschwindet es ebenfalls wie durch Zauberei, und es muß Jemand sehr scharfe Augen haben, wenn er sehen will, wo es sich hinflüchtet. Es schwimmt unter dem Wasser entweder nach der Mitte des Teiches, wohin ihm Niemand ohne Kahn folgen kann, und auch dann steckt es nur den Kopf hervor und sieht sich um, ob noch Gefahr da ist, oder es verkriecht sich im Schilf, hält sich auch wol eine Zeit lang mit den Füßen drunten an den Stengeln fest, so daß nur der Schnabel zum Athemholen hervorragt. Wer mag diesen zwischen den vielen Halmen und Blättern erkennen!

Wird auf einem Teiche dagegen das Wasserhuhn von Niemand gestört und beunruhigt, so wirds auch zutraulich und kirre, schwimmt mit seinen Jungen ungescheut herum und läßt die Kinder am Ufer zusehen, ohne sich vor ihnen zu fürchten; ja, es kommt mitunter sogar zu den Haushühnern in den Hof, wenn Futter gestreut wird, und sucht Etwas mit aufzuschnappen.

Droht den kleinen Wasserhühnern irgend eine Gefahr, so rufen die Alten: „Kerrteter!“ und alle verkriechen sich, tauchen ein Stück unter, oder schlüpfen hinter die Blätter der Wasserpflanzen. Ists wieder sicher im Teiche, so giebt das alte Teichhuhn ein anderes Signal, das wie „Ter ter ter“ klingt, und die Familie findet sich wieder zusammen.

Sobald die Jungen nach einigen Wochen etwas erwachsen sind und sich selbst forthelfen können, brüten die Alten zum zweiten Male in demselben Sommer, diesmal aber gewöhnlich nur 6 oder 7 Eier. Sind aus letzteren die Jungen ausgeschlüpft und folgen den Alten aufs Wasser, so kommen die erwachsenen Jungen der ersten Brut mit herzu und helfen die jüngeren Geschwister treulich mit füttern. Das ist dann ein lustiges Treiben zwischen den blühenden Pflanzen des Teiches: alte und junge Hühner bunt durch einander. Ueberhaupt ist im Spätsommer mitunter große Gesellschaft im Schilfteiche. Die jungen Frösche und Fische sind größer geworden, und die rothbeinigen Störche kommen herzu, um einige wegzuholen. Kraniche und Reiher stellen sich ein und passen auf, ob ihnen etwas Gutes vor den Schnabel kommt. Die Rohrdommel hat ihre Jungen im Schilf und die Enten schnattern mit den Gänsen um die Wette, eine besser als die andere. Was für ein heilloser Spektakel entsteht aber, wenn am Spätabend die Staare wie eine Wolke sich niederlassen, um dort ihre Nachtruhe zu halten! Die Haubentaucher, welche es nicht einsam und still genug haben können, wie Einsiedler, möchten davon fliegen, wenn nur gleich ein anderes Plätzchen zu finden wäre. Auch die Kiebitze tragen ihr gut Theil zum Teichkonzert mit bei und die Bachstelze am Ufer schlägt mit dem Schwanze den Takt dazu.

Kommt vollends der Spätherbst, so knallen Schüsse nach den Enten durchs Schilf, — dann heißt es auch beim Wasserhuhn aufpassen, denn Schrote machen keinen Unterschied zwischen dem Federwild auf dem Teiche. Dann ziehen die Teichhühner von dannen, sonst müßten sie im gefrorenen Teiche umkommen. Ihrer viele gehen auf der Reise freilich auch zu Grunde und werden wahrscheinlich Raubthieren zur Beute. Die Ueberlebenden kehren aber am Ende des Winters auch wieder nach dem Schilfteich zurück, um abermals Eier im schwimmenden Neste zu brüten und die niedlichen Kleinen spazieren zu führen.

Storch.

Im Park.

Entdeckungsreisen in Feld und Flur.

Leipzig: Verlag von Otto Spamer.

24.

Feld und Park.

Daß der Mensch zum Menschen werde,
Stift' er einen ew'gen Bund
Gläubig mit der frommen Erde,
Seinem mütterlichen Grund.
Schiller.

Willst du, lieber Reisegenosse, sehen, wie das Feld entsteht, so begleite mich in Gedanken nach der Westküste Afrika's. Eine Negerhorde hat im dichten Urwald ihr Lager aufgeschlagen und denkt daran, eine Pflanzung anzulegen, um Brot zu bauen: Mais und Bananen, Yam und Pfeffer. Die Männer ergreifen die Aexte und hauen das dichte Buschwerk zwischen den Bäumen hinweg, desgleichen die zähen Schlingpflanzen, die wie Gewebe einer Riesenspinne Alles durchziehen. An den großen Baumstämmen schälen sie unten die Rinde ab, damit die Bäume vertrocknen; dann lassen sie Alles einige

Wochen im heißen Sonnenschein liegen, damit es gehörig ausdörrt. Nun legt man die Fackel daran und steckt den Verhau in Brand. Die helle Lohe schlägt auf, leckt an den dürren Bäumen empor, verkohlt die Aeste und verwandelt das dünnere Gezweig zu Asche. Hat sich der Brand abgekühlt, so hacken Weiber und Sklaven mit eisernen Hauen flache Löcher in den Boden, hier eins und dort eins, wie's eben kommt, und legen Samenkörner oder Knollen hinein. Der Regen begießt die Pflanzung, und nach einem Vierteljahre kann die Ernte stattfinden, wenn nicht — die wilden Elephanten vorher schon den Ertrag für sich genommen und das Uebrige in den Grund gestampft haben.

Die verkohlten Baumstümpfe bleiben zwischen den Feldfrüchten stehen, eine Umhegung ist nirgends vorhanden, und die Vögel des Waldes finden auch offene Tafel, wenn sie Appetit nach jungen Maiskörnern haben.

Ist ein solches Feld ein paar Jahre lang bebaut worden, so wills nicht gut dieselbe Frucht mehr tragen. Man läßt es liegen und behandelt ein anderes Stück Wald ganz auf die nämliche Weise. Auf der verlassenen Fläche wuchern wieder Sträuche und Bäume hervor, und nach wenig Jahren steht abermals dichtes Gestrüpp dort, das zum Walde heranwächst.

Mit den Feldern unserer Heimat war es uranfänglich nicht viel besser. Der Wald ward ausgerodet und umgegraben, nur daß man das Holz daheim als Brennholz oder Nutzholz verwendete. Dann trug das neue Feld ein paar Jahre lang prächtig Getreide und Oelsaat, nachher wollte es aber nicht sonderlich mehr gehen. Man ließ die ermüdeten Aecker ein Jahr brach liegen, damit sie sich wieder erholen könnten; da wucherte vielerlei Unkraut empor, das Niemandem etwas nützte.

Später aber lernte der Landmann die Sache besser. Er düngte das Feld tüchtig und gab ihm dadurch die Stoffe wieder, welche es durch die Feldfrüchte verloren hatte. Ebenso wechselte er mit den Gewächsen, bauete nicht mehrere Jahre nach einander dieselbe Sorte auf demselben Feldstück, sondern eine andere, da jede Art dem Boden etwas andere Speise entnimmt. Dadurch ward das Brachliegen unnöthig gemacht und das ganze Land konnte viel mehr erzeugen als ehedem. Um reichlichen Dünger zu bekommen, hielt der Landmann möglichst viel Vieh, besonders Rinder. Für diese säete er dann Klee, pflanzte Rüben und sorgte für anderweitige Futterkräuter.

Da der Landmann die Kunst lernte, auf demselben Flächenraum seines Feldes jetzt eine viel größere Menge Nahrungsstoffe zu erzeugen als vordem, so ward es ihm möglich, nun auch mancherlei Gewächse zu bauen, an welche ehedem Niemand dachte. Er pflegt auf geeigneten Stellen den hochstengligen Mohn, auf anderen Feldern Flachs und Hanf, die nutzbare Fasern zu Kleidungsstoffen abgeben. Auf anderen Aeckern sehen wir Färberröthe und Waid, hier Cichorie, deren Wurzeln zum Kaffeezusatz dienen sollen, dort Weberkarden, mit deren stachligen Blütenköpfen der Tuchweber das Tuch aufkratzt, um es scheren zu können.

In einigen Gegenden pflegt man auf weiten Ländereien besondere Gemüse, für welche der Boden und seine Lage vorzüglich geeignet ist. So triffst du Gefilde von Gurken bedeckt, andere mit Sellerie, andere mit Meerrettig, noch andere mit Fenchel, Kümmel, Senf und ähnlichen Gewürzen. Auch der Apotheker und der Parfümeriefabrikant gehen nicht leer aus, denn römische Kamillen, Arnika, Wermuth, Süßholz u. dgl. pflegt der Landmann in manchen Landschaften, in anderen duften die Felder von Lavendel und Thymian.

Am interessantesten sehen unstreitig die Felder in der Umgebung der größeren Städte aus. Hier triffst du förmliche Wälder von Kohl und hochstengligen Bohnen, Dickichte von Hopfen, Gebüsche von Gemüsepflanzen und weitleuchtende Blumenbeete. Hier werden große Feldstrecken gerade zu Gärten, die täglich Wagenladungen voll Blumensträußchen und Topfpflänzchen den Bewohnern der Stadt zuführen, damit selbst das Kind des ärmeren Arbeiters, das nicht viel vom Felde zu sehen bekommt, etwas Hübsches im Stübchen daheim haben kann.

Zu der besseren Pflege der Felder kam auch die bessere Wiesenkultur. Ehedem ließ man wachsen, was wachsen wollte. Wo eine Wiese versumpft war, da trug sie nur unangenehme Riedgräser und Schilfe, die dem Vieh wenig Nahrung boten; jetzt sucht der aufmerksame Landwirth das Wasser sorgsam zu vertheilen. Wo zu viel ist und durch zu langes Verweilen den Boden verdirbt, legt er Abzugsgräben an und Thonröhren zur Entwässerung. Da, wo es fehlt, leitet ers zu. Die Landleute China's und Japans sind hierin wahre Musterwirthe. Dort geht kaum ein Tropfen Wasser eines Bächleins verloren, das nicht einem Nutzpflänzchen zu Gute käme. Aber viel schon haben auch unsere Landwirthe gethan und die Regierung des Landes nimmt sich der Angelegenheit an. Der Lauf der Gewässer wird geregelt, die Ufer solcher Flüsse, welche gern anschwellen, werden durch Dämme geschützt. Das fließende Wasser muß arbeiten: Mühlen treiben und Fabrikräder bewegen,

Linnen bleichen und Städte mit Trank versorgen, aber es soll nicht verwüstend in die Felder einbrechen, die Frucht mit Geröll überschütten oder sie fortschwemmen.

Derselbe Fortschritt, welcher in der Benutzung des Feldes stattgefunden hat, traf auch die Bearbeitungsweise desselben. Anfänglich war der Landmann gezwungen, jegliche Arbeit mit seinen eigenen Kräften zu thun. Die einfache Hacke war zunächst das einzige Werkzeug, um den Boden für die Aufnahme des Samens zu öffnen. Danach nahm man das kräftige Thier zum Gehülfen an.

Schneiden des Getreides mit der Mähmaschine.

Pferde und Ochsen zogen den Pflug, die Egge und Walze und dann den hochbeladenen Wagen. In neuesten Zeiten nimmt der Landwirth auch die Maschine in Dienst. Die fahrbare Dampfmaschine (Lokomobile) zieht den Pflug, Maschinen streuen die Saat aus, andere mähen das Gras der Wiese, noch andere Maschinen dreschen daheim das Getreide aus und reinigen es. Mühlen der verschiedensten Art verwandeln die Körner in Mehl, Graupen und Gries, die Oelfrüchte in Oel.

Siehe hinein in die Städte, wie der Feldbau hier zahlreiche Beschäftigungsweisen in seinem Gefolge hat! Dort schimmern dir die Trockenhäuser einer Stärkefabrik mit ihren schneeweißen Stärkestücken entgegen; daneben begegnen dir große Wagen voll Fässer, die man mit Bier, Branntwein, Spiritus oder Essig gefüllt hat. Alle jene fleißigen Leute, welche diese Sachen bereiten, erhalten die Rohstoffe dazu von dem Landmann. Den Flachs und Hanf verarbeiten zahllose Hände und künstliche Maschinen in Gebäuden, welche den Fürstenschlössern an Größe nicht nachstehen. Die Farbengewächse erfahren in Farbefabriken ihre weitere Verwandlung.

Pflügen des Feldes mit Rind und Pferd. Im Vordergrund die fahrbare Dampfmaschine.

Damit aber auch bei dem Guten und Schönen das Süße nicht fehle, gewahrst du dort eine Zuckerfabrik, die aus den unansehnlichen Rüben den schönsten weißen Zucker herstellt.

Eben so zahlreich sind die Handwerker und Fabriken, die sich mit Verarbeitung derjenigen Stoffe beschäftigen, welche der Viehstand des Landmannes liefert. Tuchfabriken fertigen aus der Schafwolle die schönsten Kleidungsstoffe. Der Talg gestaltet sich zu Lichtern und zu Seife. Das Horn wird zu Kämmen und vielerlei kleinen Geräthen verarbeitet. Welche großartigen Einrichtungen legt der Lohgerber an, um die Häute in brauchbares

Leder zu verwandeln, auf welches schon Schuhmacher, Sattler und andere Handwerker warten. Aus den Abfällen bereitet ein anderer Fabrikant Leim, wieder ein anderer Farbe, und selbst die Knochen müssen noch Hunderterlei verrichten. Die einen werden zu Messergriffen und Klaviertasten, andere zu Knochenkohle oder zu Beinschwarz. Jene verwendet der Zuckerfabrikant zum Reinigen des braunen Rohzuckers, dieses bedarf der Maler. Andere Knochen müssen dienen, um Phosphor zu geben, aus welchem Streichhölzchen werden sollen, und der Rest endlich soll als Knochenmehl wieder zum Düngen des Feldes dienen. Wer möchte alle Beschäftigungsweisen aufzählen, die sich auf den Feldbau und die Viehzucht gründen!

Im Eifer ging mancher Landwirth etwas weiter als gut war. Es ward besonders in Gebirgsgegenden mancher Wald weggeschlagen, der nur schlechtes Feld ergab und der hätte Wald bleiben sollen. Wald und Feld müssen wie zwei Geschwister vertraulich Hand in Hand gehen. Ehedem herrschte der Wald, er war der ältere Bruder, später verdrängte ihn das Feld mehr als gut war. Man denkt jetzt daran, das richtige Gleichgewicht herzustellen, obschon dies nicht leicht ist.

Bei guter Pflege des Landes gesellt sich zum Nützlichen auch stets das Schöne. Man sorgt nicht nur dafür, daß für den hungrigen Magen Speise erwachse und Flachs zur Bekleidung, sondern man schafft auch Angenehmes fürs Auge, damit Herz und Gemüth sich erfreuen. Besuche einen wohlgepflegten Park und du wirst fühlen, welche lieblichen Bilder Feld und Wald in ihrer harmonischen Verschmelzung gewähren.

Die unfruchtbaren Felszacken tragen Lusthäuschen und Lauben zur Umschau. Glöckchen am Dache der Thürmchen läuten lieblich im Winde und in der Kluft säuselt melodisch die Aeolsharfe gleich einem Geisterlied aus weiter Ferne. Der überhängende Fels ist zur Grotte gehöhlt, die glänzender Epheu umspinnt.

Von der Höhe stürzt der Wasserfall nieder zum Thal. Das Sonnenlicht zaubert Regenbogen im Wasserstaube, der ihn wie ein Schleier umschwebt, und mit Schaumgekräusel rinnt das Bächlein zwischen Wiesenfluren entlang, die von bunten Blumen durchwirkt sind. Zum schroffen Berghange mit düstren Tannen und Eichen bildet die hellgrüne Grasmatte einen lieblichen Gegensatz. Im Forst äsen das Reh und der Hirsch, auf der Wiese weiden Rinder und Schafe; am Berge klettern muntere Ziegen.

Die kundige Hand des Landschaftsgärtners hat Baumgruppen über die Flächen in angenehmer Weise vertheilt, um durch lieblichen Wechsel die

Schönheit der Gegend zu erhöhen. Silberpappeln flimmern hellleuchtend neben dunklen Fichten, Linden und Buchen bilden runde Kuppeln, Pyramidenpappeln ragen gleich Thürmen über sie empor. Ein weißstämmiges Birkenwäldchen hebt sich malerisch von dem dunklen Hintergrunde ab, den auf der sandigen Heide der Kiefernforst bildet.

Weiden mit hängenden Zweigen umstehen den Teich. Schwertlilien und Blumenbinsen umblühen seine Ufer. Weiße Schwäne und buntfarbige Enten rudern über den blinkenden Spiegel, der wie ein Juwel im grünen Gewande der Flur blitzt. Drinnen im Wasser wimmelts von Fischen. Der thätige Wärter hat ihre Zahl vorsorglich gemehrt. Er züchtet die Fische durch künstliche Befruchtung des Laiches, den Raubfischen thut er nach Möglichkeit Einhalt, die pflanzenfressenden mehrt er. Wie dunkle Wolken ziehen die Karpfenscharen an dem Wasserspiegel entlang, andere schnellen im Uebermuth hoch in die Luft und glitzern im Sonnenlicht wie Silber und Gold.

Die schöngeschwungene Brücke mit zierlichem Geländer führt uns über den rauschenden Bach nach dem Blumengarten. Hierher haben sich die schönsten Blumen des Waldes und Feldes geflüchtet: Diptam und Akelei, Fingerhut und Türkenbundlilie wetteifern mit einander in Farbenpracht und gefälligen Formen und zahlreiche Gewächse der Fremde gesellen sich zu ihnen. Mitten zwischen Blüten und Duft erhebt sich der nie rastende Strahl des Springbrunnens. Auf dem plätschernden Wasser schaukeln die großen Blätter der Seerosen und zwischen ihnen treibt die bunte Forelle ihr Spiel.

Und nun schaue von der blühenden Laube aus hin über das weite, weite Land! Dort wogen die Saaten: Getreidefluren und Felder mit Futterkräutern, da goldene Oelsaat, dort purpurner Süßklee, dort himmelfarbener Flachs. Die Landstraßen sind mit Fruchtbäumen bepflanzt: Kirschen, Aepfel und Pflaumen schimmern dort dem Wanderer appetitlich entgegen, während ihn das dichte Laub vor dem heißen Strahl der Sonne schützt. Obstplantagen ziehen sich auch an dem Fuße der Berge entlang, hinein in die schmalen Thäler und hinauf an den steilen Gehängen, wo der Boden für die Anlagen der Felder wenig geeignet ist. Von den Hügeln leuchten die weißen Häuschen der Weinwinzer, rings von Reben umgrünt. Der breite Fluß trägt bewimpelte Schiffe, über die kühn geschwungene Brücke braust der Dampfwagenzug, um in geflügelter Eile die Güter des Feldes nach fernen Ländern zu tragen und dafür die Erzeugnisse der Fremde uns zuzuführen. Siehst du die hellrothen Ziegeldächer der Dörfer und weiterhin die hochragenden Thürme der Stadt? Der Segen des Feldes ists, der sie nährt und den Wohlstand des Landes begründet. Auch aus dem kleinen Orte ragt ein Kirchthurm empor, ein Fingerzeig nach dem Himmel. Von oben herab kommt der Segen des Herrn, der Gedeihen zur Arbeit des Menschen giebt. Wohnen dann Friede und Freude im Lande, blinken Pflugschare und Sensen statt Waffen und Kriegsgeschütze, so werden die Liebeslieder der Feldvöglein zur Wahrheit. Der Mensch beherrschet die Erde und Liebe und Lust wohnen im Schatten des fruchtschweren Baumes. Wahrlich, dann ist eine Stätte Gottes unter den Menschen und das gesegnete Land wird zu einem Spiegelbilde des Gartens Eden.

Ende dieses Bändchens.

Druck von Hundertstund & Pries in Leipzig.

Erstes A-B-C-, Lese- und Denkbuch für brave Kinder, **die leicht lesen lernen wollen.** Ein Führer für Mütter und Erzieher beim ersten Unterricht. Von **Ernst Lausch.** Mit 300 Text-Abbildungen und zwei Buntbildern. In prächtig ausgestattetem Umschlag gebunden 20 Sgr. = 1 Fl. 12 Kr. rhein.

Inhalt: I. **Die kleinen Buchstaben.** Ein Vor- und Auslaut in den Silben. Mehrere Vor- und Auslaute in den Silben. — II. **Die großen Buchstaben und Ergänzung der kleinen.** Doppellaute. A-B-C. — III. **Lesebuch.** Satz und andere Zeichen. Räthsel. Die Sprache und die Stimmen der Thiere. Ziegenböcke vor dem Wagen. Kanarienvöglein. Die Stadt. Das Dorf. Frau Katze. Pudel und Wachtelhündchen. Das Vogelhaus. Der Hühnerhof. — IV. **A-B-C-Bilder-Reime.** Der Garten. 16 zusammengestellte Bilder. 20 dergleichen Bilder. Thiere als Spielkameraden. — V. **Kinderspiele.** Soldatenspiele. Schaukelliedchen. Federball. Fangeball. Vogelschießen. Stelzenlaufen. Katze und Maus. Schlittschuhlaufen. Zusammensetzungsspiele. Das Tellerspiel. Puppen und Puppentheater. Mariechens Wohnhaus. — VI. **Rechenbuch.** Zahlenbilder und Ziffern. Zerlegung der Zahlen von 1—10. Addiren und Subtrahiren. Aufgaben. Multipliziren und Dividiren. Aufgaben. Erweiterung des Zahlenkreises bis Hundert. — VII. **Gebetbuch.** Das Vaterunser. Dankgebete. Morgengebete. Tischgebete. Abendgebete.

Heitere Ferientage. Spaziergänge in Flur und Wald, Berg und Thal. Ein unterhaltendes und lehrreiches Lesebüchlein über die Natur für Knaben und Mädchen. Von **Ernst Lausch.** Mit 82 Text-Abbildungen, einem Ton- und einem Buntbilde. Geheftet 15 Sgr. = 54 Kr. rhein. Elegant cartonnirt 20 Sgr. = 1 Fl. 12 Kr. rhein.

Die kleinen Thierfreunde. Fünfzig Unterhaltungen über die Thierwelt. Ein lustiges Büchlein, für die liebe Jugend bearbeitet von Dr. **Karl Pilz.** Zweite Auflage. Mit 100 Text-Abbildungen und einem Titelbilde. Geheftet 20 Sgr. = 1 Fl. 12 Kr. rhein. Elegant cartonnirt 25 Sgr. = 1 Fl. 30 Kr. rhein.

Im Grünen oder die kleinen Pflanzenfreunde. Erzählungen **aus dem Pflanzenreich** von **Hermann Wagner.** Dritte vermehrte Auflage. Mit 80 Text-Abbildungen und Titelbilde. In prachtvollem Umschlage geheftet 20 Sgr. = 1 Fl. 12 Kr. rhein. Elegant cartonnirt 25 Sgr. = 1 Fl. 30 Kr. rhein.

(Aeltere) Deutsche Geschichten für die Kinderstube. Herausgegeben unter Mitwirkung von Dr. **C. Vogel,** weil. Schuldirektor zu Leipzig. Dritte, vielfach verbesserte Auflage. Mit 180 Text-Abbildungen und sieben Bunt- und Tonbildern. Zwei Abtheilungen in einem Bande. Erste Abtheilung: **Von Hermann dem Befreier bis zu den Kreuzzügen.** Zweite Abtheilung: **Von den Hohenstaufen-Kaisern bis zur Entdeckung der Neuen Welt.** In elegantem Umschlag geheftet 1 Thlr. = 1 Fl. 48 Kr. rhein. Beide Bändchen zusammen gebunden in elegantem Umschlag $1\frac{1}{2}$ Thlr. = 2 Fl. 24 Kr. rhein.

Neuere Deutsche Geschichten für die Kinderstube. Erstes Bändchen: **Von der Reformation bis zum goldenen Zeitalter der deutschen Dicht- und Tonkunst.** Mit über 100 Text-Abbildungen, vier Tonbildern und einem Titelbilde in Farbendruck. Zweites Bändchen: **Neueste Deutsche Geschichten aus dem neunzehnten Jahrhundert bis zur Gegenwart.** Mit 120 Text-Abbildungen, mehreren Tonbildern und einem Titelbilde. Herausgegeben von **Franz Otto.** Jedes Bändchen geh. 1 Thlr. = 1 Fl. 48 Kr. rh. Elegant cartonnirt $1\frac{1}{3}$ Thlr. = 2 Fl. 24 Kr. rhein.

Der Gedanke, dem frühesten Jugendalter in Geschichts- und Kulturbildern die Schicksale unseres Volkes in kurzen Darstellungen vorzutragen, ist in beiden Sammlungen festgehalten und mit vereinten Kräften an Durchführung eines wohldurchdachten Planes gearbeitet worden. Der Stoff ist in der ersten Sammlung auf 52 Wochen des Jahres vertheilt. Mit der ersten Sammlung schließt die Geschichte des deutschen Mittelalters passend ab. Im folgenden Jahre wird mit der zweiten Sammlung oder den vorliegenden „Neueren Deutschen Geschichten" begonnen: diese werden gleichfalls in zwei Hauptabschnitten erzählt, so daß die Zeit der Reformation bis zum Ende des XVIII. Jahrhunderts das erste Halbjahr, das XIX. Jahrhundert, welches die Wiedergeburt unseres Volkes und zugleich das Zeitalter bedeutungsvoller geistiger und politischer Umwandlungen, die neueste Periode weltbewegender Erfindungen und Entdeckungen behandelt, das zweite Halbjahr ausfüllt.

Die zweite Sammlung: „Neuere Deutsche Geschichten" will vornehmlich als ein Beitrag beziehentlich Leitfaden zur patriotischen Erziehung unserer Kinder aufgefaßt sein.

Druck von Fischer & Wittig in Leipzig.

GPSR Compliance

The European Union's (EU) General Product Safety Regulation (GPSR) is a set of rules that requires consumer products to be safe and our obligations to ensure this.

If you have any concerns about our products, you can contact us on ProductSafety@springernature.com

In case Publisher is established outside the EU, the EU authorized representative is:

Springer Nature Customer Service Center GmbH
Europaplatz 3
69115 Heidelberg, Germany

Batch number: 10682325

Printed by Printforce, the Netherlands